减糖生活

杨 莉◎主编

YNK 云南科技出版社
·昆 明·

图书在版编目（CIP）数据

减糖生活 / 杨莉主编. -- 昆明 : 云南科技出版社, 2024. -- ISBN 978-7-5587-5868-3

Ⅰ. TS972.161

中国国家版本馆CIP数据核字第2024Q8C011号

减糖生活

JIANTANG SHENGHUO

杨　莉　主编

出 版 人：温　翔
责任编辑：代荣恒
特约编辑：郁海彤　张　双
封面设计：韩海静
责任校对：孙玮贤
责任印制：蒋丽芬

书　　号：ISBN 978-7-5587-5868-3
印　　刷：三河市南阳印刷有限公司
开　　本：710mm × 1000mm　1/16
印　　张：10
字　　数：129千字
版　　次：2024年10月第1版
印　　次：2024年10月第1次印刷
定　　价：59.00元

出版发行：云南科技出版社
地　　址：昆明市环城西路609号
电　　话：0871-64192481

前言

奶茶、蛋糕、饮料、巧克力、糖果……看着这些食物，你会想到什么字呢？没错，那就是——“甜”。

香香甜甜的食物总是能给人带来无与伦比的快乐和甜蜜，能让人充满幸福感。不过若糖分摄入超标，也会造成“甜蜜的负担”。高糖食物就像一个“甜蜜陷阱”，它先给你带来急速飙升的幸福感，让你沉醉其中；但是当血糖值下降后，内心的愉悦就会逐渐减弱。为了追求这种甜蜜的感觉，我们只能依靠补充更多的糖来满足自己。如此一来，就形成了一个“甜蜜”的恶性循环。

摄入过量的糖分会导致肥胖，引起龋齿，增加罹患糖尿病、心血管等疾病的风险。此外，糖分在带来愉悦的同时，由它刺激产生的血清素，也会让人昏昏沉沉，精神不振。所以，减糖不仅是为了减肥，也是为了拥有更美丽的体态、更健康的生活、更璀璨的人生。

《全民健康生活方式行动方案(2017—2025年)》中提出开展“三减三健”行动，即：减盐、减油、减糖，健康口腔、健康体重、健康骨骼。《中国居民膳食指南（2016）》中提倡，每人每天的糖摄入量不超过50克，最好不高于25克。从此，我国进入全面“减糖时代”。

那么，该如何开启减糖饮食呢？

首先，我们要对食物中的“营养素”有一个全面认知。因为蛋白质、碳水化合物、脂肪、水、矿物质、维生素、膳食纤维这七大营养素是人体所需的重要物质，只有均衡地摄取各类营养素，才能确保身体获得充足的营养，从而使身体维持正常的生理功能。尤其是碳水化合物，它是糖类的一种形式，可以为人体提供能量。

其次，我们要对“糖类”有一个全面的认知。减糖绝非小事，我们需要正确认识糖的分类，区分天然糖和添加糖，了解糖的摄入来源、知晓糖类的作用以及对健康的影响等。唯有如此，才能避免走进减糖的误区，开启健康减糖生活！

在对糖类有了初步的认知后，我们还必须明晰减糖减的是什么糖，认清食品标签里隐藏的糖，懂得减糖的科学小技巧，日常生活中应该怎么去执行减糖饮食等，这样我们才能制订健康科学的减糖饮食计划。

《减糖生活》是为国人量身定制的减糖饮食参考书，本书精心选择了15道清爽的沙拉凉拌菜、15道营养丰富的低碳蔬菜、15道增强免疫的美味肉菜、13道高蛋白的家常鱼虾菜、13道滋补美味的汤品、10道饱腹解馋的无糖甜点、15种时尚减糖的饮品。这些减糖食谱种类丰富、做法简单、营养均衡、老少咸宜，可以让你告别清汤寡水的减糖生活，尽享美食，实现减糖不减幸福的多彩生活。

目 录

第三章　何必谈糖色变，科学减糖攻略

第四章　减糖不减幸福，美味简便的减糖饮食

第一章

减糖是什么

第一节　你的饮食习惯是这样的吗？

顿顿少不了

包子

吃完饼还要
再来一碗粥

肉饼

早餐

粥

牛肉面

油条当然
要配豆浆

油条

豆浆一定要
加很多糖

豆浆

汤面

馄饨

煎饼果子

早餐

葱花鸡蛋火腿饼

早餐要吃好，但是并不需要顿顿吃到撑！

你总是体重逐年增加、容易疲劳、很难瘦下来……原因是什么呢？

第二节　你总是忍不住在深夜点外卖?

炸鸡薯条

每100克的炸薯条

含热量为237千卡，含糖分为29.3克

（1千卡=4.184千焦）

宫保鸡丁饭

含糖量约5.25克

烧烤

每100克羊肉含糖量1%左右

（虽然羊肉的含糖量较低，但是日常食用不可过量）

可乐

每瓶含糖量约54克

蛋糕

芒果蛋糕含糖量约29.61克，

巧克力蛋糕含糖量约28.8克

我们在日常饮食生活中吃到的各种食物，比如糕点、面包、零食和碳酸饮料，都含有大量的糖分。除了每天正餐的面条、米饭，我们每天在不知不觉中，摄入的糖类可达到 300~400 克，如果晚上下班加餐，可能糖分还会更高。

第三节　减糖的优点你知道吗？

减少糖类的摄入，可以让你身体变瘦，还能让你的状态更年轻哦！

第四节　重新审视你的零食

要控制三大含糖量高的食物

可乐

甜味饮料

果汁

运动饮料

咖啡

油炸食物

薯片

鸡块

麻花

炸串

糕点

蛋糕

曲奇

大福

饼干

第五节　注意不能过量食用的食物

第六节　不小心就会摄入过量的甜味调味品

第二章

认识减糖，让甜蜜不再成为负担

第一节 揭开食物营养的奥秘

“民以食为天”，健康的饮食习惯、均衡的营养对维持身体健康至关重要。全面认识人体所需的各类营养素，是科学减糖的基础。在减糖的过程中，均衡摄入足够的蛋白质、脂肪、维生素等人体必需营养素，可以提高免疫力，保持身体健康。

身体必需的营养

《中国居民膳食指南（2022）》建议，一个健康的成年人每天食用食物

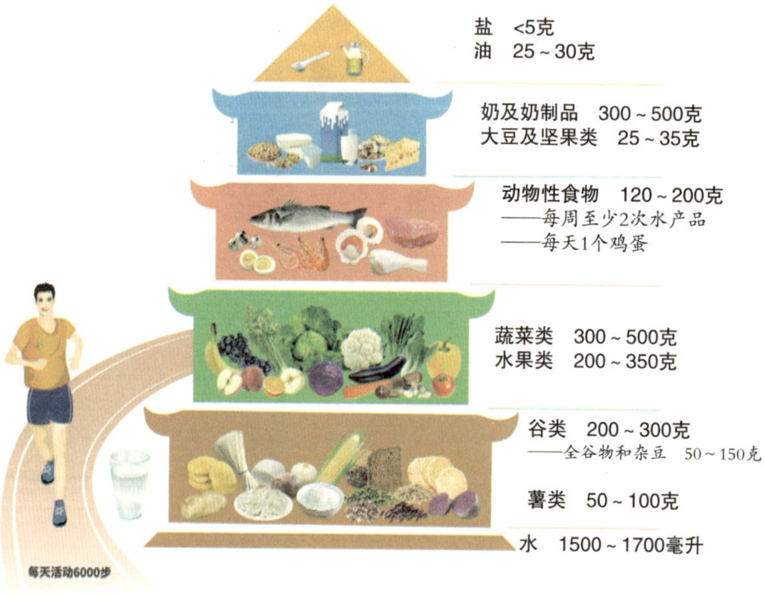

种类需要达到 12 种以上，每周应达到 25 种以上。

蛋白质

蛋白质是由氨基酸组成的有机化合物，在维持人体肌肉、骨骼和器官功能方面发挥着至关重要的作用。此外，作为身体“建筑”的基石，蛋白质在运动、生长、修复伤口和抵抗疾病等过程中，也扮演着关键的角色。

蛋白质主要来源于动物性食物如肉、鱼、奶制品和蛋类，以及植物性食物如豆类、坚果和大豆制品。在碳水化合物和脂肪供应不足时，蛋白质还可以作为能量来源。

蛋白质不含碳水化合物，对血糖的影响极小。因此，在减糖期间，摄入适量的蛋白质食物有助于控制身体的血糖水平，促进体内脂肪的燃烧。

碳水化合物

碳水化合物分为单糖、双糖、多糖和寡糖四大类，是人体所需能量的主要来源。

碳水化合物在消化系统中被分解成单糖，并被吸收到血液中提供能量，支持身体的各种活动。因此，碳水化合物的摄入对于维持人体正常生理功能至关重要。

人体摄入碳水化合物的种类来源分为复杂碳水化合物和简单碳水化合物两种类型。复杂碳水化合物如全谷物、蔬菜和水果，它们富含纤维素，有助于消化系统的健康，并可以减缓血糖水平的上升；而简单碳水化合物如糖和

精制谷物，则容易导致血糖水平迅速上升和下降。

因此，在减糖期间我们应该优先选择来自全谷物、蔬菜和水果的复杂碳水化合物，同时限制简单碳水化合物的摄入。

脂肪

脂肪是继碳水化合物和蛋白质之后的第三大能量来源。脂肪不仅可以为身体提供能量，还是细胞膜的主要成分，它有助于维持身体温度、吸收脂溶性维生素，以及提供人体必需的脂肪酸等。

脂肪从化学结构的角度分为饱和脂肪、反式脂肪和不饱和脂肪三种。饱和脂肪和反式脂肪是不健康的脂肪，摄入过量的饱和脂肪和反式脂肪可能会导致肥胖、心血管疾病等问题，而不饱和脂肪则是健康的脂肪。

要想减糖，就应该优先选择食用富含不饱和脂肪的食物，如橄榄油、坚果、牛油果和鱼类等。

水

水是身体中最重要的溶剂之一，它参与很多化学反应，包括营养物质的消化、吸收和代谢过程等。脂肪的代谢也需要水分的参与，因此，对于健康的成年人来说，每天摄入 1.5 ～ 2 升水有助于促进脂肪的代谢，排出毒素。

人体摄入的水包括饮用水和食物中的水分，通过多样化的饮食和适量的水分摄入，可以帮助身体维持水、盐平衡，促进新陈代谢和脂肪代谢，从而保持身体健康。

多喝水虽然与减糖没有直接关联，但多喝水可以促进机体的血液循环，增强代谢，对辅助降低血糖有一定帮助。

矿物质

矿物质是人体内无机物的总称，是构成身体组织和骨骼的重要成分，它们在人体的各种生理功能中扮演着关键角色。矿物质包括钙、铁、镁、钾、硒等，属于人体必需的七大营养素之一。

其中钙和磷不仅对骨骼和牙齿的健康至关重要，还可以促进脂肪降解。而减糖有利于提高钙和磷的吸收，增加人体骨骼的钙和磷的含量，提高骨密度。优质钙的来源包括奶制品、豆类、坚果等。

钾和镁等矿物质参与了肌肉的收缩和舒张过程，对于减糖期间维持肌肉功能和协调有重要作用。此外，钾还有助于排出多余的水分和盐分，减轻水肿。富含镁的食物有全谷物、坚果、植物种子、绿叶蔬菜等。而香蕉、土豆、甜菜和果汁等食物里含有丰富的钾。

铁在血红蛋白中起到了运输氧气的关键作用，可以维持减糖期间的新陈代谢。富含铁的食物包括肉类、鱼类、豆类和绿叶蔬菜。

硒是一种重要的抗氧化剂，它不仅可以提高人体的免疫力，还有助于维持皮肤健康，让你在减糖期间也有一个好身体和好气色。富含硒的食物包括海鲜、肉类、蛋、全谷物和蔬菜等。

维生素

维生素是维持身体健康必需的一类有机化合物，虽然人体所需的量不多，但是它们对于维持身体正常运作和预防疾病具有至关重要的作用。由于人体无法自行合成维生素，所以人们需要从食物或药物中获取它。

B 族维生素是一个大家族，家族成员有维生素 B_1、维生素 B_2、维生

素 B_5、维生素 B_9 等，这些维生素参与碳水化合物、蛋白质和脂肪的代谢过程，促进能量产生，并维持免疫系统的正常运作，有助于修复神经细胞，维持皮肤的健康和美丽。B 族维生素广泛分布于食物中，包括全谷类、肉类、禽类、鱼类、乳制品等。

维生素 C 是一种抗氧化剂，有促进铁吸收、抗氧化、增强免疫力等作用。此外，维生素 C 还可以通过促进胶原蛋白合成，间接起到稳定或改善糖代谢的作用。富含维生素 C 的食物包括新鲜水果和蔬菜，如柑橘类水果、草莓和绿叶蔬菜等。

维生素 E 又被称为生育酚，是一种强有力的抗氧化剂，它保护细胞免受氧化损伤。在减糖期间，可以减少由运动引起的肌肉损伤和炎症。富含维生素 E 的食物包括坚果、植物油和绿叶蔬菜。

膳食纤维

膳食纤维素是七大营养素之一，指那些既不能被人体消化，又不能被人体吸收的多糖。

膳食纤维分为水溶性膳食纤维和非水溶性膳食纤维两类。水溶性膳食纤维能够在水中溶解，并能形成凝胶状物质，如葡聚糖、果胶、瓜尔胶等。它们能够被肠道中的益生菌发酵，产生短链脂肪酸，这些脂肪酸可以维持肠道健康，此外它们还具有降低胆固醇、调节血糖的作用。同时，水溶性膳食纤维还能增加饱腹感，控制食物摄入量，有助于减糖期间的健康管理。

非水溶性膳食纤维不能在水中溶解，主要包括纤维素、半纤维素、壳聚糖等。它们主要起到加强肠道蠕动、促进排便、预防便秘的作用。膳食纤维广泛存在于水果、蔬菜和粗粮中，如苹果、燕麦、玉米、豆类和坚果等。

第二节　甜蜜生活的法宝——糖

糖在生活中随处可见，可是你真的认识这个甜蜜生活的法宝吗？它不仅存在于各种食品和饮料中，还活跃在医药、能源等众多领域。除此之外，糖也是一切生命体维持生命活动所需能量的主要来源。要想真正地了解糖，我们可以从其分类、来源、作用以及健康影响等方面来认识它。

糖是什么？

糖可以分为狭义的糖和广义的糖。我们生活中常见到的糖，添加在食物中的糖，如红糖、冰糖、白糖以及饮料中的糖浆、各种口味的水果糖、奶糖、棒棒糖等糖果，就是狭义上的糖。

广义上的糖指由碳、氢、氧

等元素组成的有机化合物，具体可以划分为单糖、双糖、多糖，由于其在化学式上与“碳”和“水”的聚合极为相似，所以也叫“碳水化合物”。如葡萄糖、果糖、蔗糖、乳糖等都属于碳水化合物这一范畴，这些碳水化合物是人体重要的能量来源，它们通过消化和代谢过程，为人体提供能量，维持人体正常的生理功能。

糖的分类

单糖

单糖如葡萄糖、果糖、半乳糖等，是构成碳水化合物最基本的单位。单糖经过消化吸收后，会在细胞内被分解为小分子物质，如葡萄糖分子，然后通过呼吸作用被氧化，成为能量释放出来。这些能量可用来维持体温、进行肌肉运动、维持器官功能等生理活动。

所有的动物血液以及大多数果蔬中都含有葡萄糖。同时，大多数的果蔬及蜂蜜中也含有果糖。

半乳糖一般不单独存在，它通常与其他糖类结合形成糖醇，或者与其他糖类混合在淀粉中。例如在豆类、坚果和乳制品中，半乳糖经常以糖醇的形式存在，如半乳糖醇。

双糖

双糖由两个单糖分子组合而成，如蔗糖、乳糖和麦芽糖等，这些糖类在消化过程中需要被分解成单糖才能被吸收。

蔗糖由一个葡萄糖分子和一个果糖分子组成。它是植物中最常见的甜味

剂之一，广泛存在于甘蔗汁、甜菜根汁和其他含有糖分的植物中。蔗糖在食品和饮料中的应用非常广泛，包括糖果、糕点、饮料、调味料和许多其他加工食品。

麦芽糖是由两个葡萄糖分子组成的二糖，也称为麦芽二糖。麦芽糖是淀粉消化的产物之一，存在于发芽的植物和动物的消化道中，经过消化后可以转化为葡萄糖供身体利用。麦芽糖具有甜味和黏性，经常被用作甜味剂和增稠剂。

乳糖是存在于哺乳动物乳汁中的双糖，乳糖可以被乳糖分解酶分解成葡萄糖和半乳糖。除了乳汁，乳糖还存在于一些蔬菜和谷物中，但是含量较低。比如一些豆类、植物种子、坚果和蔬菜（如胡萝卜、甜菜和菠菜）中都含有乳糖。此外，随着年龄的增长，人体内乳糖酶（乳糖分解酶）的活性会逐渐下降，导致乳糖在肠道中无法被充分分解，从而引起消化不良，如腹胀、腹痛、腹泻等症状。

多糖

多糖是由许多单糖分子组成的复杂碳水化合物，如淀粉、纤维素等，它们在自然界中广泛存在，并在生物体的能量储存中发挥着重要作用。

大家熟知的淀粉就是由多个葡萄糖分子组成的多糖，谷类、薯类和豆类等食物中的淀粉含量十分丰富。淀粉可以作为人类重要的碳水化合物来源，也可以作为食品添加剂、发酵剂等使用。

纤维素是由葡萄糖组成的大分子多糖。在植物种子、果实、蔬菜和谷物

中，纤维素尤其丰富。纤维素可以促进肠道蠕动，改善消化系统的功能，同时还可以降低胆固醇水平，有助于预防便秘和控制血糖水平。

糖是从哪里来的？

糖的来源非常广泛，包括天然来源和加工来源两种。糖类的天然来源是水果、蔬菜、谷类、豆类、薯类等食物；加工来源则是指通过工业或家庭加工方式得到的糖类，如蔗糖、果葡糖浆、玉米糖浆、糖果、甜味剂等。

但是，过量摄入加工糖类可能会对健康产生不利影响，如导致肥胖、糖尿病、心血管疾病等。因此，建议适量摄入加工糖类，并关注食品标签上的糖分含量。

糖的作用

糖类是重要的碳水化合物，而碳水化合物是人体七大营养素之一，可以为人体提供运动和代谢所需要的能量。摄入适量的糖类能够维持血糖水平稳定，预防低血糖和糖尿病等疾病。

糖类还可以与蛋白质、脂肪等其他人体所需营养素结合，促进身体健康的营养平衡。如大脑对葡萄糖的依赖性极高，因为葡萄糖能为大脑细胞提供所需的能量。

因此，合理摄入糖类对于维持健康至关重要。在日常饮食中我们应该优先选择自然糖类，减少加工糖的摄入。

过量吃糖的危害

人生有“五味”：酸、甜、苦、辣、咸。在这些味道中，甜味是一种让人愉悦的味道，但是带来甜味的“添加糖”虽然表面甜美，却是隐藏在食物

里的“甜蜜杀手”。

过量摄入糖类会导致能量摄入过剩，这些能量如果没有被及时消耗掉，那么多余的糖类就会转化为脂肪储存，从而增加肥胖、糖尿病、心血管疾病等风险。长期高糖饮食也可能对免疫系统产生不利影响，使身体更容易受到疾病的侵袭。

另外，摄入添加糖的时候，糖会附着在牙齿上。细菌在代谢分解糖的过程中会形成大量酸性物质，这些酸性物质会与牙齿发生化学反应而腐蚀牙齿，长此以往就会导致蛀牙。

因此，虽然糖是生活中的“甜蜜法宝”，但我们需要理性摄入，遵循适量、均衡饮食的原则，以保持身体健康。

第三节 减糖要减的是什么糖？

随着人们健康意识不断提高，“减糖”逐渐成为了健康理念新风尚之一。但是你真的了解减糖吗？减糖究竟减的是什么糖？减糖对身体又有什么好处呢？要想健康减糖，我们首先要做的是对“减糖”有一个科学、全面的认识。

减糖不等于戒主食

减糖，通常是指减少添加糖的摄入量，而非天然糖。添加糖指的是甜点、含糖饮料、糖果等食物中添加的糖分。

有人认为，像米、面等碳水化合物含有较多的糖类，不吃这些主食就是减糖，这种观点是错误的。因为碳水化合物是人体主要能量来源之一，完全不吃主食可能导致营养不良、能量不足、消化不良等问题。

为了保持机体的活力和正常的新陈代谢，在减糖期间应根据自身情况，适量摄入更健康、糖分更低的主食，如全谷类、蔬菜、水果等。当然除了控制主食的分量和选择低糖、高纤维的主食，我们还可以通过合理搭配食物、增加蛋白质摄入等措施，控制体内血糖且维持身体必需的能量。

减糖能给身体带来什么好处?

减少糖类摄入具有许多益处，比如有效控制体重、预防肥胖和相关疾病；稳定血糖水平可以预防糖尿病、保护口腔和心血管的健康等。当你坚持减糖一段时间后，会发现自己体重轻了，气色好了，皮肤也更有弹性，就连干枯的头发都变得柔顺光滑，整个人焕然一新了，也更加有活力了。

第四节　认清食品标签里隐藏的糖

要想健康减糖，就要学会从零食包装上的营养成分表和食品配料表中找到糖。此外，我们还要谨防潜藏在无糖食品中的“糖”。

零食里常见糖的名称

营养成分表上通常不直接标注“糖分”这一项，想要了解食品中的糖含量，可以通过查看“碳水化合物”的数值来进行估算。

需要注意的是营养成分表的“碳水化合物”一栏，其含量数值通常以 100 克或“每份食品中”来表示。这个数值包含了食品中所有形式的碳水化合物，如果想了解更精确的糖分含量，则需要考虑食品中碳水化合物的来源。

如果食品中碳水化合物的主要形式是糖（如来源于食材本身的天然糖分、甜味剂等添加糖），那么这个数值大致可以反映出食品的含糖量。但是，如果食品中的碳水化合物主要是淀粉（如米饭、面条等谷物类食品），那么即使碳水化合物数值较高，实际的含糖量可能也并不高。

此外，除了关注营养成分表，还需要注意在食品配料表中寻找糖的踪迹，这些添加糖可能会被标注成其他名字，比如：白砂糖、细砂糖、红糖、蔗糖、蜂蜜、糊精、黑糖、麦芽糖、海藻糖、玉米糖浆、葡萄糖浆等。

当心掉进“无糖食品”的陷阱

随着人们生活水平的不断提高和自身保健意识的不断增强，“无糖食品”越来越受到消费者的青睐，市面上打着“无糖”旗号的食品琳琅满目……但无糖食品真的就可以随心所欲、毫无负担地大吃特吃吗？在此之前，我们得先了解一下什么是“无糖”食品。

无糖食品是指不含蔗糖、葡萄糖、麦芽糖、果糖等添加糖或添加糖含量极低的食品。这些食品通常不使用传统的添加糖，而是使用其他替代甜味剂（如赤藻糖醇、阿斯巴甜、蔗糖醇等）来增加甜味。

不过，市场上标榜为“无糖”的食品通常指的是不添加蔗糖或其他糖类成分而已。如有的食品营养标签上特别标注了“无蔗糖”，但在配料表中能清楚看到有其他添加糖（果糖、果葡糖浆）的存在。即使食品中没有直接添加糖分，也不能完全排除其所含有的其他糖类，例如无糖饼干，其食材本身就含有大量淀粉，淀粉被消化后会分解为葡萄糖。因此，在选择无糖食品时，不应该盲目相信标签上的宣传，而应该综合分析配料表、营养成分表，做出理智的选择。

第五节　警惕减糖的误区

减糖是为了追求健康的生活方式。掌握正确的控糖知识，熟知减糖中常见的误区，可以帮助我们更有效地减糖，从而在控糖道路上少走弯路。

误区一：蔬菜热量低，可以随便吃

蔬菜分为叶类蔬菜和根茎类蔬菜。一般叶类蔬菜属于低碳低热量的食物，可以适当多吃一些，但是如土豆、山药、芋头、莲藕等根茎类蔬菜，淀粉含量很高，可以作为主食的替代品。此外，胡萝卜、豌豆、蒜薹等蔬菜的热量或升糖能力也较高，不适合多吃。

误区二：吃粗粮可以控制血糖

很多减糖的朋友们将粗粮放到了至高无上的地位，觉得粗粮含有丰富的膳食纤维和其他营养物质，并且升糖慢，可以多吃；有的人甚至认为吃粗粮可以降糖。其实粗粮只是有助于降低血糖上升速度，但并不意味着可以过量食用，因为它们仍然会被转化为葡萄糖，进而影响血糖水平。

此外，长期大量食用粗粮会加重胃肠道的消化负担，影响消化功能，还会影响钙、铁吸收，不利于身体健康。

误区三：口感甜的水果含糖量高？

水果的含糖量并非由口感决定，不能单凭甜不甜来判断，如酸味十足的山楂含糖量远高于西瓜。我们在减糖期间，可以优先选择含糖量较低的水果，如草莓、蓝莓、橙子、苹果、柚子、樱桃等。

误区四：调味料可以随意用？

调味料虽然只是点缀食物的配角，但是有些调味料可是名副其实的“含糖大户”，使用时时应尽量选择盐、花椒、酱油、香料等调味料。砂糖、番茄酱、甜面酱等各类酱料含糖量不可小觑，应当适量使用。

误区五：喝果汁可以代替吃水果？

水果在榨汁过程中通常会去除果肉和纤维，这会导致其营养成分大打折扣。尤其是水果中的纤维除了有助于促进胃肠道健康，还能减缓血糖上升速度，增加饱腹感。而当水果被榨成果汁后，果汁里的果糖会被迅速吸收，容易影响血糖波动。因此，直接喝果汁不可以代替吃水果。

第三章

何必谈糖色变，科学减糖攻略

第一节　健康减糖，变瘦变美变年轻！

减糖是一个需要长期坚持的过程，而不是一蹴而就的事情。因此，要想实现减糖，就需要熟知科学减糖的技巧，了解减糖饮食的三个阶段。只有这样才能扫清“减糖”路上的绊脚石，实现变瘦、变美、变年轻的目标。

科学减糖方法

近年来，“减糖”这一话题热度不断飙升，俨然成为了一种“新食尚”。但是在践行“减糖”这一健康新时尚时，需要有科学的知识作为指导，切记不要盲目跟风，以免一些不合理的行为对身体造成伤害。

具体来说，科学的减糖方法可以包括以下几点：

1. 明确需要控制的糖分：《中国居民膳食指南（2016）》推荐，每人每天添加糖（指食物本身含有的糖以外的人工添加的糖）摄入量不超过 50 克，最好不超过 25 克。

2. 逐步减少糖分的摄入：当我们踏上减糖这一道路，第一步应该做的是逐渐减少食物中的糖分摄入，而不是突然戒除。这样可以给身体一个适应的过程，以免引起身体不适。具体的减糖步骤是：先减少零食和甜点，再逐渐减少主食中的糖分含量，如选择水果、蔬菜、全谷类等低糖食物，同时减少高糖食品的摄入。

3. 阅读食品标签：在购买食品时，可以仔细阅读食品标签，了解食品中的糖分含量。每 100 克或 100 毫升食品中，碳水化合物（糖）含量≤ 5 克为低糖食品。

4. 选择“糖”的替代品：健康减糖也可以很“甜蜜”。我们可以选择健康的替代品来减少糖分的摄入，例如使用赤藓糖醇等低热量、高甜味的天然甜味剂来替代蔗糖。

5. 更换烹饪方法：使用相对健康的烹饪方法可以有效减少食物中的糖分含量。例如可以用煮、蒸、炖等做法代替油炸、爆炒等，这样的烹饪方式不仅简便，还能减少食物中的油脂和盐分。

6. 增加膳食纤维：膳食纤维有助于控制体重和血糖。减脂时，我们可以优先选择富含膳食纤维的食物，如全麦面包、燕麦、豆类、蔬菜和水果等。这类食物不仅可以增加饱腹感、促进肠道健康，还能够减缓食物的消化速度，从而减少血糖的波动。

7. 均衡饮食：除减少糖分的摄入之外，我们还需要保持均衡的饮食，摄入足够的蛋白质、健康脂肪、维生素和矿物质等营养物质。这样才能为身体提供全面的营养支持，增强免疫力，维持身体健康。

8. 定期运动：适度的运动可以提高身体的新陈代谢，增加肌肉质量，从而有助于体内糖分和脂肪的燃烧。具体来说，减糖期间我们可以选择慢跑、快走、游泳、瑜伽等有氧运动，同时也可以进行举重、俯卧撑等力量训练。

减糖是一个长期的生活方式，而非短期的减肥计划。最重要的是，要有耐心和毅力，相信通过持续的努力和坚持，我们一定能实现科学健康的减糖目标。

减糖饮食的三个阶段

减糖过程中，我们需要根据自己的身体状况和健康需求来制订适合自己的饮食计划和运动计划。在实施减糖计划时，许多人可能会经历以下三个阶段：

第一阶段：适应期（1 ~ 2 周）

这一阶段，个人开始意识到糖分摄入过多对身体的危害，并积极调整自己的心态，决定采取行动减少糖分的摄入。

这一阶段的日常生活可以执行以下原则：

调整饮食习惯，避开糖类、油炸食品；避免奶茶、甜豆浆、可乐等含糖饮料；减少蛋糕、点心等甜点和零食的食用频率。选择使用天然甜味剂的食物，远离精制甜食（每餐饭的含糖量要小于 20 克，全天食物糖类摄入总量低于 60 克）。

改善生活习惯，增加饮水量，一天至少喝足 2 升的水，如若实在觉得水没有滋味，可以加几片柠檬。除此之外，最重要的便是调整作息，保证充足的睡眠（建议每晚睡足 6 ~ 8 小时），因为睡眠不足会使瘦体素的分泌量大幅减少、饥饿素飙升，让人无法抑制想吃东西的欲望。此外还会影响新陈代谢速率，导致内分泌失调等。

除了改善饮食和生活习惯，这一阶段还要注意多吃些膳食纤维，以免引起便秘。如果出现头晕、焦虑等症状，可以通过食用椰奶来缓和。

第二阶段：燃脂期（持续进行减糖饮食，达到阶段目标体重为止）

由于第一阶段的持续努力，我们的身体开始进入燃脂期，此时我们可以逐渐尝试中度低糖饮食，在低糖饮食的同时增加蛋白质及油脂等营养素。无论是在餐厅还是家里用餐，我们都可以把握以下原则：

改善饮食习惯，尝试减少淀粉的摄入。比如将每一餐的淀粉减半，或者晚餐不吃淀粉类食物。为了增加饱腹感，我们可以多吃青菜，

同时食用鸡蛋、鸡肉、牛肉、鱼、虾等高蛋白食物。当然要注意尽量选择蒸、卤、炖或煮的烹调方式（每餐饭的含糖量不超过20克）。

在这个阶段，我们可以适当增加日常运动或活动，并坚持每周测量体重，养成持续监测体态的好习惯。经过一段时间，你会惊奇地发现，想吃甜食的欲望不再那么强烈，整个人看起来神清气爽、容光焕发。

第三阶段：维稳期（长期）

经过前两阶段的减糖饮食和运动，在达到了目标体重后，就可以进入维稳阶段。在这个阶段，身体已经适应了减糖饮食，可以稍微吃一些含糖量高、营养丰富的食物。但是需要适度，要学会搭配，切勿暴饮暴食，以免前功尽弃。

第二节　日常生活中应该怎么执行减糖饮食？

居家烹饪，轻松减糖

减糖饮食需要持之以恒，如果“三天打鱼两天晒网”，经常在外用餐，就很难有效地执行减糖计划。因此，我们需要养成自己做饭的习惯，才能清楚地掌握食材、调味料里的糖分含量，形成减糖的饮食习惯。

在进行减糖饮食时往往需要我们计算出每餐饭的含糖量，仅仅这一条便让许多人打起退堂鼓来。针对这一情况，我们不妨先预备出 4 ~ 5 天分量的菜品。这样，无论是早上着急上班，还是下班很晚不愿做饭，都可以将事先预备

好的减糖常备菜拿出来，用微波炉加热，只需几分钟时间就可以享受到美味无负担的减糖饮食了。

当然，如果实在按捺不住想吃零食，除低糖水果、坚果和无糖酸奶等无糖、低糖零食外，也可以选择一些自己做好的减糖零食，如卤蛋、沙拉等，这样既能一饱口福，又不用担心热量和糖分，避免加餐之后产生“罪恶感”。

外出用餐减糖的诀窍

在外用餐时，因为食材的局限性和不确定性，一定程度上加大了减糖的难度，即便精心挑选了看起来含糖量较少的食物，也无法弄清食材里添加的调味料和具体烹饪方式。不过，外出就餐也有减糖的诀窍，这些诀窍可以帮助我们降低掉入“高糖陷阱”的概率。

1. 凉拌菜和肉是优选。在外点餐时，我们可以优先选择叶类菜的拌菜、炒蔬菜和不用添加太多调料的肉类。餐厅为了让菜品更加美味，往往在烹饪时会使用水淀粉、甜面酱、番茄酱、蚝油等调味料，越是口味重的菜品使用的调料越多。所以在外用餐时，拌菜和添加调料较少的肉类菜品是减糖饮食时的首选。

2. 避免饮用含糖饮料和啤酒。碳酸饮料和果汁等通常含有大量的糖分，这些糖分会迅速被身体吸收，导致血糖水平迅速攀升。以被戏称为“肥宅快

乐水”的可乐为例，一瓶 500 毫升的可乐含糖量约等于 12 块方糖。而大部分啤酒中含有麦芽糖，糖分进入人体内后，极易被消化吸收，血糖升高极快。因此在减糖时，可以选择茶水、白酒和红酒等饮品，并适量饮用。

3. 选择清蒸、炖煮的烹饪方式。外出用餐时，选择用清蒸或者炖煮方式烹饪的菜品可以帮助减少糖分的摄入，同时还能够在保留食物原味和营养的基础上，减少对糖分和其他调料的依赖。

4. 先吃菜再吃肉。蔬菜富含维生素、矿物质和膳食纤维，先吃蔬菜有助于增加饱腹感，减少对高糖食品的需求量，从而减少糖分的摄入。

第三节　减糖生活也不必辜负美食

健康减糖并非要当“苦行僧”，了解食材中的含糖量及血糖生成指数，学会合理地搭配食物，可以帮助我们在减糖的同时享受美食。

低 GI（血糖生成指数）食物让你的身体更健康

食物血糖生成指数（Glycemic index，GI）是食物的一种生理学参数，是衡量由食物引起餐后血糖反应的一项有效指标。食物血糖生成指数可用于对糖尿病、高血压和肥胖症患者的饮食检测，也适用于减糖人士的膳食管理。

食物一般可分为低 GI 食物、中 GI 食物、高 GI 食物三类，是指食物消化吸收的速度和程度，低 GI 食物通常含有较低的糖分和碳水化合物，能够缓慢释放能量。

低 GI 食物：血糖生成指数≤ 55

低 GI 食物在胃肠中停留时间长，吸收率低，糖分释放缓慢，血糖上升速度慢。食用低 GI 食物有助于控制体重、保持血糖水平稳定、预防糖尿病、降低血脂等。像玉米饼、通心面（管状，粗）、黑米粥、燕麦饭（整粒）等主食，还有菜花、芹菜、青椒、番茄、菠菜等蔬菜，以及苹果、梨、柚子、樱桃等水果，GI 数值均小于 50，属于低 GI 食物。

中 GI 食物：55 ＜血糖生成指数≤ 70

中 GI 食物血糖升高速度介于低 GI 食物和高 GI 食物两者之间。GI 数值在 55 ~ 70 的主食有面包、大米粥、饼干、荞麦面馒头、小米粥等。此外，哈密瓜、菠萝、芒果等水果也都是中 GI 食物。

高 GI 食物：血糖生成指数＞70

高 GI 食物进入胃肠后消化快，吸收率高，糖分释放快，血糖上升迅速。长期食用过量高 GI 食物会引起血糖波动，增加罹患糖尿病的风险。此外，还会引起体内炎症反应的增加，导致慢性炎症的发生，进而影响身体的免疫功能和健康状态。如油条、白米饭、面包等主食，南瓜、胡萝卜、西瓜等蔬菜水果都属于高 GI 食物，减糖时一定要格外警惕。

常见低GI食物

通心面GI值：45

意大利面GI值：49

全麦面包GI值：52

西兰花GI值：15

番茄GI值：30

茄子GI值：25

西柚GI值：25

草莓GI值：29

苹果GI值：36

蛤蜊（类）GI值：40

牛肉GI值：45

低脂牛奶GI值：26

常见高GI食物

白米饭 GI值：83

馒头GI值：88

西瓜 GI值：72

荔枝 GI值：70（左右）

大枣 GI值：103

南瓜GI值：75

胡萝卜GI值：71

第四章

减糖不减幸福，美味简便的减糖饮食

第一节　清爽沙拉凉拌菜

爽口萝卜

主料： 红心萝卜 2 个；**辅料：** 小米椒 4 个，姜 1 块；**调料：** 木糖醇 2 勺、盐 7 克、白醋 2 勺、无糖气泡水 1 瓶、凉白开不低于 500 毫升。

做法： ❶红心萝卜去皮切条；小米椒切圈，姜切片备用。❷切好的萝卜条加 4 勺盐搅拌均匀后静置 2 小时；然后用凉白开水冲洗干净；接着在洗好的萝卜条中，放入辣椒圈、姜片、白醋、木糖醇和 3 勺盐搅拌均匀倒入无糖气泡水并密封容器 (淹没萝卜即可)。❸把密封好的萝卜放到 4 摄氏度的冰箱中，冷藏 2 天即可食用。

减糖小贴士： 红心萝卜中含有丰富的水溶性维生素，每 100 克红心萝卜中，大约含有 4.5 克的糖、0.93 克的蛋白质和 0.24 克的脂肪，热量大约为 41 千卡。此外，红心萝卜中的大量消化酵素，不仅可以增加饱腹感，还能够快速促进胃肠道对食物的消化，分解掉多余的脂肪和糖分，被人们誉为“平价人参”。

腰果菠菜

主料： 菠菜80克；**辅料：** 去皮腰果少许，萝卜2片，樱桃1颗；**调料：** 生抽、盐、醋各少许，香油2克。

做法： ❶菠菜去根清洗干净后切段；去皮腰果用刀背压成碎粒。❷沸水中放入少量食盐，一滴香油，把切段后的菠菜放入水中焯熟；然后把焯熟后的菠菜用凉水冲凉；接着将菠菜倒入盆中，加入盐、香油、醋和生抽搅拌均匀。❸把凉拌后的菠菜装盘，并在菠菜表面撒上腰果碎粒，最后放萝卜片和一颗樱桃点缀即可。

减糖小贴士： 菠菜的营养价值很高，含有丰富的维生素和叶酸等营养成分。它可以增强人体抵抗力，促进新陈代谢和润滑肠道。菠菜更是有名的低糖蔬菜，每100克的菠菜中大约含有0.4克的糖、23千卡的热量。不过腰果虽然富含多种营养元素和矿物质，但它的含糖量较高，所以在制作这道菜时，只放入少量腰果。

凉拌莴笋丝

主料：莴笋 1 根；**辅料：**胡萝卜半个、蒜 3 瓣（可根据个人口味不放）；**调料：**生抽 1 勺、醋 1 勺、味精少许、香油 2 克。

做法：❶莴笋去皮切丝放入碗中，加入少许盐腌制 10 分钟（腌后的莴笋更加清脆爽口）。❷将胡萝卜切丝，蒜瓣拍成碎末状备用。❸把腌好的莴笋丝冲洗干净，并挤干水分。❹将莴笋丝放入碗中，加入蒜末、胡萝卜丝、生抽、香醋和香油，搅拌均匀即可。

减糖小贴士：莴笋中含有丰富的蛋白质、维生素、矿物质和烟酸等营养成分，每 100 克莴笋中仅含有大约 3 克的糖、0.3 克的脂肪。食用莴笋不仅可以帮助人体降低血糖、增加饱腹感，还可以缓解便秘、提高人体的抗氧化能力。

凉拌苦菊菜

主料： 苦菊300克；**辅料：** 红椒半个、蒜3瓣（可根据个人口味不放）；**调料：** 白醋、盐、味精各少许，香油2克。

做法： ❶把清洗干净的苦菊切成段。❷大蒜拍成蒜末状，红椒切成粒。❸把苦菊段放入盆中，加入蒜末、香油、白醋、味精和盐搅拌均匀装盘。❹最后撒入红椒粒点缀。

减糖小贴士： 苦菊中含有胡萝卜素、膳食纤维、烟酸、钙等多种营养物质，其中维生素A的含量最高。常吃苦菊不仅可以预防近视、保护眼睛，还可以清热去火、消炎排毒、预防贫血。苦菊的含糖量很低，每100克中仅含有大约2.2克的糖。有研究表明，苦菊对肿瘤也有一定的预防作用，它简直就是日常生活中的首选蔬菜。

洋葱拌木耳

主料：干木耳 15 克、洋葱半个；**辅料：**红椒半个、小葱少许；**调料：**香油 2 克，醋、生抽、盐、味精各少许。

做法：❶将干木耳放入碗中加入清水泡发。❷将泡好的木耳去蒂撕碎。❸锅中烧水，水开焯木耳 20 秒捞出。❹把焯水后的木耳放入凉水中浸泡降温。❺把洋葱切丝打散，红椒切丝，小葱切碎。❻捞出木耳放入盆中，并放入洋葱丝和红椒丝。❼加入醋、盐、生抽、味精和香油搅拌均匀装盘。❽最后将切碎的小葱撒到木耳洋葱的表面即可。

减糖小贴士：每 100 克黑木耳中约含有 65 克的糖，每 100 克洋葱中大约含有 4 克的糖。两者都属于含糖量低、营养价值高的蔬菜。黑木耳不仅可以补气养血、润肺止咳，还具有抗凝血、抗炎等功效。而洋葱本身具有保护血管、杀菌、防止骨质疏松的功效。将二者搭配起来食用，可以有效地控制血糖，增强人体免疫力。

小葱拌豆腐

主料：老豆腐 1 块；**辅料：**小葱少许；**调料：**盐、味精各少许，香油 2 克，凉白开 500 毫升。

做法：❶将老豆腐切成小方丁，小葱切成小段。❷锅里烧水，水开放入切好的豆腐，并加入 1 勺盐，焯水 1 分钟（盐可以除去豆腥味，还可凝固豆腐里的蛋白质，使其不易破碎）。❸捞出焯好的豆腐，放进凉白开中浸泡降温。❹将浸泡后的豆腐放进盆里，加入盐、味精、香油，撒入小葱段。❺戴上一次性手套轻轻抓匀豆腐装盘即可（切记不可用力搅拌）。

减糖小贴士：豆腐是一种高蛋白、低脂肪、低糖的食品，它富含钙、铁、锌、维生素 B 等多种营养成分。多吃豆腐不仅可以降低胆固醇，还可以预防肝癌。小葱则是一种药用价值很高的营养蔬菜，它富含维生素 C、胡萝卜素等营养成分。食用小葱可以增加食欲、消痰。小葱拌豆腐这道中式菜肴，既可以给人体提供所必需的营养物质，还可以有效地控制血糖（每 100 克豆腐一般含有 0.9 ~ 3 克的糖）。

凉拌“三丝”

主料：海带丝 100 克、胡萝卜 60 克、干魔芋粉丝 60 克；**辅料：**小米椒圈、香菜各少许，蒜 3 瓣（可根据个人口味调整）；**调料：**盐 3 克、味精 5 克、生抽 10 克、醋 5 克。

做法：❶锅中烧水，并放入少许盐，水开后放入海带丝焯。❷将焯好的海带丝用凉水清洗三遍备用，把胡萝卜切成细丝。❸将干魔芋粉丝在凉水中浸泡至少 3 小时。❹把海带丝、胡萝卜丝和魔芋粉丝一块放进盆里。❺在盆里加入小米椒圈、香菜、盐、味精、生抽和醋。❻锅中倒入食用油烧至六成热后，倒在调料表面，迅速用盖子捂在盆上，防止香味散失。❼约 2 分钟后，打开盖子，搅拌均匀即可。

减糖小贴士：每 100 克海带丝中大约含有 2.5 克的糖，每 100 克胡萝卜里大约含有 7.7 克的糖，每 100 克魔芋粉丝大约含有 1.6 克的糖，这三种食材含糖量都极低。“三丝”中的营养元素非常多，海带丝中含有丰富的碘元素，可以消炎退肿、止血散结；胡萝卜可以健脾明目、化痰止咳；魔芋粉丝可以降血脂、降血糖、解毒通便。这道清凉爽口的家常凉菜十分适合低糖饮食和患有糖尿病的人食用。

酸辣手撕茄子

主料：紫茄子 1 根；**辅料：**小米椒 3 个、香葱 1 根、大蒜 4 瓣；**调料：**盐、味精、醋、辣椒油各少许。

做法：❶将清洗过的紫茄子用刀去根蒂，切成 5 厘米的长段，再改刀切成片放大盆备用。❷分别将小米椒切圈、大蒜拍成蒜末、香葱切成小段放小盆备用。❸蒸锅中加入适量清水，将茄子片摆放在箅上，中火蒸 5 分钟。❹将蒸好后的茄子用手撕成长条，放在盆中晾凉。❺在放有辅料的小盆中加入盐、味精、醋和辣椒油搅拌均匀。❻将调好的料汁倒进装有茄子条的盆中充分搅拌，使茄子条入味即可。

减糖小贴士：茄子是少有的紫色蔬菜，每 100 克茄子中大约含有 5 克的糖，而且还含有丰富的维生素 P。经常食用茄子不仅可以保持血管壁的弹性，还可以预防高血压和动脉性肝硬化。茄子皮上也有多种维生素，美容价值很大。茄子还有着清热活血和消肿的功效，对于皮肤脓肿、溃疡有一定的作用。

凉拌鸡胗

主料：鸡胗适量；**辅料：**红椒、姜、香菜各少许，大蒜2瓣，小葱2根；**调料：**生抽2勺、蚝油1勺、醋2勺、料酒1勺、盐少许、辣椒面少量。

做法：❶鸡胗清洗干净切片。❷锅中倒入凉水，加入葱、姜和料酒，放入鸡胗片，煮15分钟。❸将煮好的鸡胗捞出过凉水，使其变得香脆。❹鸡胗沥干水分放入大碗中，香菜切碎，红椒切成细丝撒在上面。❺大蒜拍成蒜末和辣椒面一起放在小碗中。❻锅中放入食用油，烧热后淋在蒜末和辣椒面上。❼在小碗里加入生抽、蚝油、醋和盐，搅拌均匀，调成料汁。❽把调好的料汁浇在鸡胗上，抓拌均匀即可。

减糖小贴士：每100克鸡胗大约含有118千卡的热量、19.2克的蛋白质和2.8克的脂肪。鸡胗中富含丰富的铁元素，其内壁更是一味中药——鸡内金，它有着健脾消食的功效。适量食用鸡胗不仅可以促进消化，还可以预防缺铁性贫血。不过鸡胗虽然适合低糖饮食，但是高胆固醇的患者应当少食。

柠檬虾仁

主料： 虾适量；**辅料：** 红椒 1 个，青椒 1 个，柠檬 1 个，香菜、花椒各少许，大蒜 2 瓣；**调料：** 生抽 2 勺、蚝油 1 勺、醋 1 勺、盐少许、料酒 1 勺。

做法： ❶ 把虾清洗干净，去除虾线。❷ 锅中加入凉水、花椒和料酒，然后把清理后的虾放进锅中煮 1 分钟捞出。❸ 将捞出后的熟虾放进冰水中浸泡。❹ 把泡凉后的虾去掉虾头、虾身和外壳备用（虾尾部分的壳可以不用去掉）。❺ 大蒜拍成蒜末，红椒和青椒切成辣椒圈放在碗中。❻ 锅中倒入少许食用油，烧热浇在蒜末和辣椒圈上。❼ 接着在碗中加入生抽、蚝油、醋和盐搅拌成料汁。❽ 柠檬切成薄片去籽，并在料汁中挤入一些柠檬汁。❾ 将香菜切碎和虾、柠檬片、料汁一起放在大碗中搅拌均匀即可。

减糖小贴士： 每 100 克的海水虾中大约含有 1 克的碳水化合物，含糖量接近于无。虾属于高蛋白、低糖、低脂肪的食物，它身上含有大量的矿物质和微量元素，可以提高人体免疫力，保护牙齿和骨骼，美白美肤。特别是虾壳中的虾青素，是一种对人体有用的抗氧化剂，是预防心脑血管等疾病的有效食材。

凉拌鱼皮

主料：鱼皮250克；**辅料：**大蒜2克；**调料：**盐5克、味精3克。

做法：❶鱼皮洗净切成小段，大蒜切片。❷锅中加水煮沸，将鱼皮焯熟后捞出沥干水分。❸把焯过的鱼皮放入碗中，同时加入蒜片、盐和味精，搅拌均匀装盘即可。

减糖小贴士：鱼皮的主要成分是胶原蛋白，能美容养颜。此外，鱼皮中含有大量的微量元素和维生素。而且鱼皮的含糖量很低，每100克鱼皮中大约含有1.6克的糖。中医理论认为，鱼皮味甘、咸，性平，具有滋补的功效。

老醋海蜇头

主料：海蜇头200克；**辅料：**红椒适量；**调料：**盐、醋、生抽、红油适量。

做法：❶红椒洗净切丁，然后用沸水焯一下备用。❷海蜇头洗净，锅中加水煮沸，将海蜇头焯熟，然后捞出过凉水和红椒一起放入碗中。❸碗中加入盐、醋、生抽和红油搅拌均匀，装盘即可。

减糖小贴士：海蜇含有丰富的蛋白质、核黄素、硫胺素和许多微量元素。每100克海蜇头大约含有3.9克的糖分，这种低糖食物对身体中的结块淤积、哮喘炎症有保健作用。对于长期从事尘埃工作的人来说，常吃海蜇头可以清理肠胃、去除尘积。

红油猪肚丝

主料：猪肚1个；**辅料：**香葱5根、姜1块、花椒少许、八角2个、面粉少许；**调料：**辣椒油1汤勺、生抽1汤勺、盐3小勺、味精1小勺、醋1小勺、香油2克。

做法：❶猪肚用盐和面粉的混合物反复搓洗到没有黏液，然后冲洗干净。❷锅中加水，水开把猪肚焯水，并捞出用冷水洗净备用。❸猪肚放入压力锅中，并加入姜、花椒、八角和2小勺盐开始压煮。❹将压好的猪肚捞出反复过冷水。❺把猪肚切丝放盆中备用。❻香葱切末放入盆中。❼在盆中加入辣椒油、盐、味精、醋、生抽和香油，抓拌均匀装盘即可。

减糖小贴士：猪肚中含有大量的钙、铁、镁等营养元素，还有维生素A、维生素E等微量元素。猪肚是GI指数不高的食物之一，每100克猪肚中约含有15.2克的蛋白质、5.1克的脂肪、0.7克的碳水化合物和2克的糖。但是，猪肚的胆固醇含量极高，也不易消化，所以要适量食用，不可贪嘴。

牛肉沙拉

主料：雪花牛肉250克；**辅料：**小番茄100克、生菜50克、大蒜少许、芝麻菜50克、黄瓜半根（可根据个人口味添加蔬菜）；**调料：**橄榄油适量、黑胡椒2克、盐2克、沙拉酱适量。

做法：❶将牛肉用胡椒粉、盐和大蒜腌制一晚，放入冰箱中备用。❷把腌好的牛肉煎至金黄色，或煎至六七分熟。❸牛肉切条，小番茄和黄瓜切块，蔬菜切段后一起放入盆中备用。❹将橄榄油、黑胡椒和沙拉酱一起浇在盆中食材表面。❺搅拌均匀装盘即可。

减糖小贴士：每100克牛肉含糖量大约为1.7克；每100克小番茄中大约含有2.6克的糖；每100克黄瓜中大约含有1.6克的糖；每100克生菜中大约含有1.7克的糖。这道牛肉沙拉富含蛋白质、膳食纤维和各种人体必需的营养元素，十分适合于减糖饮食人士。

凉拌金针菇

主料：金针菇300克；**辅料：**干辣椒4个，大蒜、香菜、小葱各少许；**调料：**盐1克、生抽3勺、醋1勺。

做法：①金针菇清洗干净后去掉根部，大蒜切末，小葱、香菜和干辣椒切寸段备用。②锅中烧水，倒入洗好的金针菇，焯水1分钟后捞出过凉，并挤出多余水分放入盆中备用。③将蒜末、小葱和香菜一起倒入盆中。④锅中烧油，油热下干辣椒段小火炒至变色后关火，然后倒在金针菇上，并加入生抽、盐和醋搅拌均匀即可。

减糖小贴士：每100克金针菇中含有约2～3克的糖，是十足的低糖食材。金针菇中富含蛋白质、膳食纤维和维生素等物质，经常食用具有调节免疫功能、降“三高”、增强记忆力和护肝杀菌等食疗作用。另外，金针菇中还含有麦角硫成分，它可以降低氧化酶，改善黑色素的沉淀，因此有美白嫩肤的效果。

第二节　低碳蔬菜有营养

烤番茄鸡蛋

主料： 番茄 2 个、鸡蛋 2 个；**调料：** 椒盐、黑胡椒碎各少许。

做法： ❶ 番茄切去三分之一，用勺子挖除内瓤。❷ 把鸡蛋打入番茄里。❸ 放入烤盘，表面撒适量盐、椒盐、黑胡椒碎。❹ 放入烤箱，设定温度 210 摄氏度左右，时间 15 ~ 20 分钟即可。

减糖小贴士： 每 100 克番茄含糖约 2.6 克，每 100 克鸡蛋之中含糖约 5 克。番茄属于含糖量较低的蔬菜，而且富含维生素，有利于身体健康，可提高身体的免疫力。鸡蛋主要含蛋白质、脂肪、卵黄素、磷脂酰胆碱和维生素等营养成分。鸡蛋与番茄搭配，可以增加人体营养物质的摄入，为身体提供能量，有助于缓解饥饿。

蒜蓉秋葵

主料：秋葵适量；**辅料：**大蒜3瓣、小米椒3个；**调料：**盐少许、生抽2勺、耗油1勺、水4勺。

做法：❶秋葵洗净，烧一锅开水。❷水开加入一点食用油和少许盐，将洗好的秋葵放进开水中煮1分钟。❸把煮好的秋葵捞出过凉水，去蒂摆盘。❹把大蒜拍成蒜末，小米椒切圈备用。❺准备一个小碗，加入生抽、蚝油和水调成酱汁。❻锅中放入少量食用油，放入蒜末炒香，并加入调好的酱汁煮沸。❼在摆好盘的秋葵上撒上小米椒圈，倒上炒过的酱汁即可。

减糖小贴士：日常生活中，秋葵被誉为“绿色人参”，因为秋葵中含有大量的维生素、矿物质和各种微量元素，其中的黄酮有抗氧化、防衰老的作用。而秋葵中的黏液可以促进肠道蠕动、降低胆固醇。对于喜欢运动的人来说，秋葵可以有效地消除运动后的乳酸堆积，有着明显的抗疲劳作用。每100克秋葵只含有大约6.2克的糖，热量在30千卡左右。如此低糖健康的蔬菜，减糖期间可以放心食用。

茄汁日本豆腐抱蛋

主料： 日本豆腐适量；**辅料：** 鸡蛋 2 个、番茄 2 个、小葱少许；**调料：** 生抽、蚝油、盐各少许，清水半碗，淀粉 1 勺。

做法： ❶日本豆腐切块放入冷水锅中，焯 1 分钟左右捞出放入碗中，鸡蛋打散倒在豆腐上面。❷将生抽、蚝油、淀粉、盐和半碗清水同时倒入另一个碗中，调成料汁。❸锅中放油，油热放入带蛋液的日本豆腐，等定型后翻炒一下备用。❹番茄切块放入锅中，炒出汁水，倒入料汁，倒入炒过的鸡蛋日本豆腐，小火熬 5 分钟出锅装盘，撒上切好的葱末即可。

减糖小贴士： 每 100 克日本豆腐一般含有 0.9 ~ 3 克的糖，每 100 克鸡蛋大约含有 5 克的糖，每 100 克番茄大约含有 2.6 克的糖。这三种食物都属于低糖食物，但它们能提供给人体的营养元素非常多。常吃日本豆腐不仅可以降低胆固醇和血脂，还可以预防乳腺癌、胃癌等。这道浓郁滋补的中式菜肴不仅能满足低糖饮食，还能供给人体所需要的多种营养物质。

脆皮豆腐

主料：老豆腐 1 块；**辅料：**大蒜、香菜、小米椒各少许；**调料：**蚝油、生抽、盐、清水、淀粉各适量。

做法：❶豆腐切块，锅中烧油，油热将豆腐煎至外皮金黄捞出备用。❷碗中加入蚝油、生抽、盐、淀粉和清水，调成料汁。❸小米椒切圈，大蒜、香菜切碎。❹锅中烧油，油热倒入蒜末爆香，然后将煎好的豆腐倒入锅中翻炒 1 分钟，再把调好的酱汁和小米椒圈倒入锅中，继续翻炒 1 分钟出锅装盘。❺将香菜撒到豆腐表面即可。

减糖小贴士：豆腐中含有大量的卵磷脂，对人体的神经、血管和大脑十分有益。充足的卵磷脂可以提高大脑细胞的活性化程度，增强记忆和提高智力水平。此外，豆腐中还含有丰富的大豆异黄酮，对于中老年女性来说，可以提升体内的雌激素水平，改善骨质疏松和更年期综合征。而且豆腐中的钙含量一点儿也不比牛奶中的少，这么健康低糖有营养的食材，简直称得上是“天选”食材。

白菜炒粉条

主料：白菜半棵、粉条适量；**辅料：**酸豆角（可以不添加）、大蒜、小葱各少许，小米椒 2 个；**调料：**盐、生抽、味精各适量。

做法：❶白菜清洗干净切成小块备用。❷锅中烧水，将粉条煮约 1 ~ 2 分钟后捞出备用。❸小米椒切圈，小葱和大蒜切末；锅中烧油，油热将蒜末爆香后，依次倒入白菜和粉丝翻炒；然后倒入生抽、盐和味精翻炒入味；最后撒入小米椒圈和酸豆角翻炒均匀出锅装盘。❹将切好的小葱末撒在白菜粉条表面即可。

减糖小贴士：白菜是日常生活中十分常见的蔬菜，它的营养价值很高。白菜也是有名的低糖蔬菜，100 克白菜中的含糖量在 3 克左右，常吃白菜可以预防坏血病、牙龈出血，还可以美容养颜、消脂减肥。在所有粉条中，芋头粉条、土豆粉条和山药粉条的含糖量都很低，所以在烹饪这道低糖菜肴时，要注意挑选合适的材料。

香辣山药

主料： 山药 2 根；**辅料：** 大蒜、小米椒、香葱各少许；**调料：** 白醋 1 勺、味精 1 勺、生抽 1 勺、蚝油 1 勺、盐 1 勺、清水半碗。

做法： ❶山药去皮切成条，冲洗干净后放入加有白醋的水中浸泡（防止山药氧化变黑）。❷大蒜切末、小米椒切圈、香葱切末备用。❸山药捞出冲洗干净，锅中烧油，油热放入清理好的山药，炸干成金黄色后捞出沥油。❹将蒜末倒入锅中爆香，然后倒入炸好的山药条翻炒，接着把小米椒、盐、生抽、蚝油、味精和半碗清水依次倒入锅中翻炒均匀装盘。❺最后把切好的葱末撒在山药表面即可。

减糖小贴士： 山药的组成成分主要包括淀粉、蛋白质和维生素，其中维生素 K 是维持人体正常凝血功能的主要成分，每 100 克山药的含糖量大约是 17 克。在中医看来，山药是上品食材，它不仅可以补肺健脾，还可以补肾添精，适量食用山药可以缓解气血亏虚的情况。

彩椒木耳炒山药

主料：红椒、黄椒各50克，山药100克，黑木耳50克；**调料：**盐3克。

做法：❶将红椒、黄椒洗净，去籽切块；山药洗净，去皮切片；黑木耳泡发洗净，撕碎。❷锅中烧油，油热放入所有准备好的食材，翻炒均匀。❸最后加入盐，翻炒至熟装盘即可。

减糖小贴士：一份彩椒中大约含有4克的糖，它里面的维生素C十分丰富，经常食用可以提高人体的免疫力。木耳和山药也是营养价值很高的低糖食材。这道简单的家常小炒不仅清新爽口，而且五彩缤纷的拼盘颜色，也正如我们的生活多姿多彩。

香菇油菜

主料：香菇 10 个、油菜 6 棵；**辅料：**大蒜少许；**调料：**蚝油 10 克、酱油 15 克、淀粉 10 克、清水 150 克、盐 1 克、味精少许。

做法：❶油菜清洗干净，分开每片叶子；香菇去掉柄，留下伞部。❷锅中烧水，加入几滴香油和少许盐，将油菜焯水变色后捞出过凉备用。❸油菜摆盘一侧；锅中加入蚝油、酱油、清水和切好的蒜片，香菇也放入锅中，大火烧开后转小火，盖锅盖焖软香菇。❹香菇熟透收汁，捞出摆放在盘子另一侧。❺用 50 克水把淀粉和盐搅拌均匀，放入干净的锅中熬煮，熬煮过程中要用勺子顺时针不停轻搅，直至淀粉糊完全透明。❻把煮好的淀粉糊淋在油菜上即可。

减糖小贴士：香菇有很高的营养价值，可以提高免疫力、延缓衰老、降低“三高”。香菇中的赤酮嘌呤含量很高，有抵御癌症的功效。而油菜也可以强身健体、宽肠通便、解毒消肿。二者都是低糖食材，每 100 克油菜的含糖量约为 1.9 克，每 100 克香菇的含糖量为 3 克左右。如此低糖的食材，搭配在一起更能吃的健康，吃的美味。

虎皮青椒

主料：青椒 10 个；**辅料：**大蒜少许；**调料：**生抽 10 克、醋 5 克、盐 2 克、蚝油 5 克、清水半碗、淀粉少许。

做法：❶青椒表面清洗干净去蒂；大蒜切片。❷碗中加入生抽、醋、盐、蚝油和半碗清水，搅拌均匀调成料汁备用。❸锅中烧油，油温五成热时放入青椒，不停翻动使青椒受热均匀，炸出更多的虎皮斑后捞出沥油。❹锅中留底油，倒入蒜片爆香；接着倒入准备好的料汁；汁水烧开之后，将沥油后的青椒放入锅中，并淋入少许清水，煮 1 分钟使青椒吸收料汁入味。❺最后勾入少许水淀粉，收浓汤汁出锅装盘即可。

减糖小贴士：青椒是一种可以均衡营养、缓解疲劳、增进食欲和降低血脂的健康蔬菜。青椒中的维生素 P 能预防动脉粥样硬化，而它富含的膳食纤维可以减少肠道对胆固醇的吸收。因此，适量食用青椒可以有效地补充人体所需的养分。

炒春笋

主料： 青椒和红椒各 2 根、春笋 500 克；**调料：** 蚝油 1 勺、生抽 1 勺、味精 1 勺、盐少许。

做法： ❶春笋洗净切段，焯水后泡一晚上，中途要多换几次水。❷青椒、红椒洗净，切块备用。❸锅中烧油，油热放入青椒、红椒翻炒，炒出香味后倒入沥干水分的春笋，同时加入蚝油、生抽、盐和味精不停翻炒，翻炒均匀后加入少许热水焖 1 分钟出锅装盘即可。

减糖小贴士： 每 100 克的春笋中大约含有 3 克的糖。春笋十分适合于消化不良、腹痛的人，适量食用有化痰、消胀等功效。春笋所含有的大量维生素、微量元素和膳食纤维都是人体不可缺少的养分。春笋中的维生素 A 非常丰富，对眼睛发育有很大的帮助。春暖花开的时节，炒一盘春笋，煮一壶香茶，真是人生美事。

蒜蓉蒸丝瓜

主料：丝瓜1根；**辅料：**大蒜半头；**调料：**低盐酱油2勺、蚝油少许。

做法：❶丝瓜洗净去皮，切成3厘米的段摆盘。❷大蒜去皮剁成蒜蓉，加入低盐酱油搅拌均匀，平分到丝瓜段上。❸蒸锅中加水，放上摆好盘的蒜蓉丝瓜段，蒸6分钟后出锅。❹将盘子里的汤汁倒入碗中，并加入薄芡、蚝油搅拌均匀，小火熬稠后浇在丝瓜段上即可。

减糖小贴士：丝瓜中的糖分很低，每100克丝瓜中大约含有4.2克的糖。经常食用丝瓜可以美容养颜、活血通络、解毒消肿、消食排便、补充养分，而且丝瓜中的提取物对乙型脑炎病毒也有预防作用。但丝瓜性寒，脾胃虚弱的人不宜多食。

清炒扁豆角

主料： 扁豆角适量；**辅料：** 大蒜3瓣、小米椒2个；**调料：** 盐半勺、生抽1勺、蚝油1勺。

做法： ❶摘掉扁豆角身上的筋丝，洗净用手掰成小段。❷大蒜切片，小米椒切段。❸锅中烧水，水开加入几滴油和少许盐，放入扁豆角段，煮5分钟捞出沥干水分。❹锅中烧油，油热放入蒜片和小米椒炒出香味，将沥过水的扁豆角段倒入锅中翻炒，然后加入盐、生抽、蚝油继续翻炒入味，约3分钟后，关火出锅装盘即可。

减糖小贴士： 每100克扁豆角的含糖量大约为2克。扁豆角不仅营养成分丰富，还对人体有很好的保健作用。脾胃虚湿的人食用扁豆角可以健脾化湿、消暑清热；经常便溏的人食用扁豆角可以调理肠道；扁豆角对女性身体炎症也有很好的功效。不过扁豆角虽是健康的低糖食材，但它却含有毒蛋白和溶血素，在烹饪时如果扁豆角未炒熟，食用后很可能出现恶心、腹痛、头晕等中毒的症状，须及时送医就诊。

清炒苋菜

主料：苋菜适量；**辅料：**大蒜少许；**调料：**盐、味精各少许。

做法：❶苋菜清洗干净，大蒜切末备用。❷锅中烧油，油热爆香蒜末，然后倒入干净的苋菜不停翻炒。❸待苋菜软烂之后，加入盐和味精搅拌调味，装盘即可。

减糖小贴士：苋菜是含糖量极低的“长寿菜”。它的钙、铁含量极高，而且不含草酸，因此苋菜中的钙、铁很容易被人体吸收，对儿童的生长发育很有帮助。此外，苋菜中的维生素 K 可以增加人体血红蛋白的含量，促进造血功能。苋菜中还有很多其他营养成分，经常食用可以强身健体，增强免疫力。

番茄海鲜菇

主料：番茄1个、海鲜菇适量；**辅料：**小葱、大蒜各少许；**调料：**盐适量、番茄酱15克。

做法：❶将番茄放进小碗中，倒入热水浸泡，约3分钟后撕去番茄开裂的表皮。❷海鲜菇切掉根部，洗净后焯水捞出沥干水分。❸大蒜、小葱切末，番茄切丁。❹锅中烧油，油热爆香蒜末，接着倒入番茄丁不停翻炒，直至炒出浓稠的酱汁；然后加入番茄酱、海鲜菇和盐翻炒均匀，约3分钟后关火装盘，在上面撒上小葱末即可。

减糖小贴士：海鲜菇是低糖食材，它富含蛋白质、维生素、氨基酸和纤维素等养分。适量食用可以促进人体生长发育，帮助肠道消化，具有排毒养颜和延缓衰老等功效。对于青少年儿童来说，想要通过食物促进智力发育，海鲜菇是不错的选择。

芦笋炒百合

主料： 芦笋适量、鲜百合 2 个；**辅料：** 大蒜 2 瓣；**调料：** 蚝油 1 勺、盐适量、淀粉半碗。

做法： ❶芦笋洗净切掉根部，削去老皮，用刀斜切成段。❷百合洗净用手掰开，大蒜切片备用。❸锅中烧水，加入几滴油和少许盐，水开倒入芦笋和百合焯 1 分钟后捞出，过凉水沥干水分备用。❹小碗中加入蚝油、淀粉、盐和两勺水，搅拌均匀，调成料汁。❺锅中烧油，油热爆香蒜片，然后倒入沥干水的芦笋百合，翻炒几下后倒入调好的料汁，不停翻搅均匀，关火装盘即可。

减糖小贴士： 每 100 克芦笋中大约含有 1.9 克的糖。芦笋是营养价值最高的蔬菜之一，被称为“抗癌之王”。它含有大量的、比例适当的维生素和微量元素，对癌症和心脏病有防治作用。芦笋中还含有大量的氨基酸，其含量远远超过其他蔬菜。其所含的天门冬酰胺和天门冬酰胺酶是治疗白血病不可或缺的药物成分。无论男女老少，都可以放心食用芦笋。而百合富含纤维，常吃百合可以润肺止咳、清心除躁，对于慢性咳嗽有很好的保健作用。

第三节　美味肉菜增免疫

茭白肉丝

主料：茭白 300 克、猪肉丝 100 克；**辅料：**大蒜、芹菜各少许，朝天椒 1 个；**调料：**盐 3 克、酱油 1 勺、料酒 2 克、淀粉 8 克、香油 2 克。

做法：①芹菜切段，茭白去皮洗净后切成细丝；猪肉加入少量料酒、盐和淀粉搅拌均匀腌制 10 分钟。②锅中烧水，加入几滴油和少许盐，水开将茭白丝焯水 2 分钟，捞出过凉并沥干水分备用。③锅中烧油，油热放入腌制好的肉丝翻炒变色后捞出备用。④锅中留下余油，放入蒜末、朝天椒，爆香后将芹菜段、茭白丝和肉丝一起放入锅中翻炒均匀。⑤然后加入酱油、盐调味；接着勾入水淀粉适量，不停翻炒至汤汁浓稠。⑥最后加入适量香油提味，关火装盘即可。

减糖小贴士：茭白也叫高瓜，属于水生蔬菜。茭白鲜嫩味美，营养价值丰富，具有润肠消积、美容养颜和增强体质的作用。茭白也属于低糖蔬菜，每 100 克中大约含有 1.85 克的糖。而猪肉中的含糖量仅有约 0.1 克，富含优质的蛋白质和氨基酸，铁元素的含量也很高。适量食用猪肉可以养气补虚、滋肝润阴。

芽菜肉末炒豆角

主料： 豆角 400 克、五花肉 100 克、芽菜 30 克；**辅料：** 大蒜 2 瓣、小米椒 1 个、姜少许；**调料：** 生抽、蚝油各适量。

做法： ❶清洗所有食材，五花肉去皮切丁，姜切丝，豆角切丁，大蒜切末，小米椒切圈。❷锅中烧油，油热加入姜丝，放入豆角丁煸炒后盛出备用。❸另起锅放五花肉丁煸炒变色变老，加入少量生抽调味，然后放入芽菜煸炒约 1 分钟。❹接着加入蒜末和小米椒圈翻炒。❺最后将煸炒后的豆角丁放进锅中，加入蚝油翻炒均匀，出锅装盘即可。

减糖小贴士： 每 100 克豆角的含糖量在 4 ~ 10 克之间。豆角属于粗纤维蔬菜，经常食用可以调理身体的消化系统，促进肠胃蠕动，对积食便秘有很好的作用。芽菜和猪肉的含糖量也不高，这三种食材都能为人体提供不少养分。

红烧羊肉

主料：羊肉600克；**辅料：**胡萝卜300克，大蒜1头，姜、蒜苗各少许（视个人口味添加）；**调料：**料酒、盐、酱油、橙皮各适量。

做法：❶将羊肉、胡萝卜清洗干净后切块备用，姜切片，蒜苗切段。❷锅中烧油，油热下姜片和大蒜爆香，再倒入羊肉翻炒5分钟后，加入料酒、盐、酱油和冷水，盖上锅盖，焖烧10分钟后倒入砂锅中。❸在砂锅中加入胡萝卜、橙皮和水，烧开后改小火慢炖约2小时，最后撒入蒜苗段即可。

减糖小贴士：胡萝卜和羊肉都是低糖食材，二者的营养物质含量都很丰富。胡萝卜中的胡萝卜素对人体视力发育十分重要，可以预防夜盲症。每100克羊肉中蛋白质的含量高达20多克，对身体虚弱和气血亏虚的人有不错的滋补功效。这道中式家常菜肴，长期食用可以补中益气，预防手脚冰冷和帮助消化、止咳。

香辣砂锅牛腩

主料： 牛腩500克；**辅料：** 姜1块、大蒜5瓣、干辣椒6个、朝天椒5个、香叶2片、桂皮2块；**调料：** 料酒1勺、胡椒粉3克、盐半勺、豆瓣酱1勺。

做法： ❶将所有食材洗净控水、切好备用。❷锅中烧水，放入料酒和牛腩块，大火煮开后改中火焯水3分钟，捞出洗净沥干水分。❸锅中烧油，油热加入姜蒜炒出香味；再下豆瓣酱炒出红油后，加入沥干水的牛腩翻炒均匀；然后将干辣椒、朝天椒、香叶和桂皮放入锅中翻炒出味；接着倒入清水大火煮开。❹最后将牛腩带汤倒入砂锅中，加入胡椒粉和盐，盖上锅盖焖煮2小时关火即可。

减糖小贴士： 牛腩的含糖量并不高，在修复组织方面也很有帮助。它的营养价值很高，十分适合于病后体虚、需要补气养血的人，经常食用可以提高机体的抗病能力。

千张蒸肉卷

主料： 千张 2 张、肉馅 500 克；**辅料：** 小葱 1 把，红椒、木耳、姜各少许；**调料：** 盐、味精、五香粉、蚝油、生抽、老抽、料酒各 1 勺。

做法： ❶ 洗净所有原材料并切好，在肉馅中加入小葱、姜末、碎木耳和红椒，并调入盐、味精、老抽、生抽、蚝油、食用油和五香粉，然后将肉馅搅拌均匀备用。❷ 千张平铺，把调好的肉馅均匀地涂抹在千张表面，可以稍微涂厚一点，然后卷起来切成大块。❸ 平底锅中烧油，油热将切好的千张肉馅放到锅中煎制，直到表皮金黄色出锅装盘，撒上红椒丁装饰即可。

减糖小贴士： 每 100 克千张中大约含有 5.3 克的糖，它里面的蛋白质几乎属于完全蛋白。千张还含有人体必需的 8 种氨基酸，其比例也接近人体需求，有利于孩子的骨骼发育。猪肉的蛋白含量既丰富又优质，这道动植物优质蛋白的完美碰撞之菜，简直就是孩子成长过程中必吃的营养菜肴。

沙姜鸡

主料：鸡肉 500 克；**辅料：**生姜 1 块、鲜沙姜 1 块、干沙姜片 6 片、红椒少许；**调料：**料酒、盐、生抽、淀粉、蚝油、沙姜粉各适量。

做法：①鸡肉洗净切块，加入料酒、盐、生抽、淀粉各 1 勺半搅拌均匀，腌制 10 分钟。②取小碗倒入沙姜粉、盐、生抽、蚝油调成料汁备用；另取一碗，放入淀粉和适量清水勾成芡汁。③生姜、鲜沙姜、红椒切丝，干沙姜片泡水软化后切小块。④锅中烧油，将腌过的鸡肉倒入锅中大火翻炒；接着加入切好的三种姜和红椒丝，继续翻炒入味；把料汁和芡汁混合后倒入锅中继续翻炒，并盖上锅盖中小火焖煮；约 15 分钟后，出锅装盘即可。

减糖小贴士：鸡肉和姜都属于低糖食材，鸡肉的营养价值自不必说。姜的食用、药用价值也很高，其性温散寒，可以止呕化痰、发汗祛风，姜还可以解鱼蟹的毒素。每 100 克姜中大约含有 3.8 克的糖。姜的营养成分也很丰富，含有蛋白质、维生素、矿物质和粗纤维等。

宫保鸡丁

主料：鸡肉适量；**辅料：**红椒、黄瓜、熟花生米、大蒜、姜、小葱各适量；**调料：**淀粉、醋、酱油、料酒、盐、胡椒粉、花椒各少许。

做法：❶将鸡肉切成大小均匀的丁块，加入淀粉、酱油、料酒搅拌均匀后腌制 10 分钟。❷姜蒜切末，花生米拍碎，红椒、黄瓜切丁，小葱切末备用。❸取一小碗，加入淀粉、盐、胡椒粉、醋和酱油调成料汁备用。❹锅中烧油，油热五成倒入腌制过的鸡丁，炸至微黄捞出沥油。❺起锅烧油，油热放花椒、姜、蒜爆香；接着倒入鸡丁、黄瓜丁、花生米翻炒均匀；然后将准备好的料汁倒进锅中，翻炒均匀出锅装盘，撒上葱末点缀即可。

减糖小贴士：宫保鸡丁中的主要食材是鸡肉、黄瓜、花生和红椒。这四者都属于低糖且营养价值极高的食材。鸡肉可以为人体补充营养，增强免疫力；黄瓜可以减肥降脂、补钾解毒、促进新陈代谢等；红椒可以清热止痛、燃烧脂肪和降低血脂；花生可以降低食欲和胆固醇，还可以增强记忆、凝血止血。这四者的搭配不仅使菜肴口味香脆鲜爽，还能满足人体所需的能量。

蒜蓉蒸排骨

主料：排骨适量；**辅料：**大蒜1头、彩椒少许；**调料：**生抽、蚝油、味精、盐各适量。

做法：❶大蒜切末装碗中，加入生抽、蚝油、味精和盐；锅中烧油，淋在蒜末上，搅拌均匀备用。❷排骨清洗干净，将调好的蒜蓉酱倒在排骨上，加入1勺淀粉，用手抓匀后腌制30分钟。❸把腌制好的蒜蓉排骨放到蒸笼中，大火蒸20分钟，放上彩椒条即可。

减糖小贴士：排骨属于低糖肉食，它的营养成分十分丰富，蛋白质、维生素和多种矿物质的含量都很高，其中的钙元素对孩子和老年人特别有益。

麻辣手撕鸡

主料：鸡1只；**辅料：**洋葱、柠檬、葱白、姜、蒜、小米椒、香菜、芝麻各适量；**调料：**蚝油、五香粉、细辣椒粉、盐、花椒粉、香油、冰凉开水各适量。

做法：❶鸡剪去指甲，清洗干净后放到锅中，加入小葱结、姜片、盐和清水，盖上盖子大火煮熟后关火焖一会儿。❷葱白、姜切丝，柠檬去籽切成小块，小米椒切圈，香菜切碎备用。❸洋葱、大蒜切成碎末；锅中烧油，油热放入洋葱末、蒜末、花椒粉、五香粉、细辣椒粉搅拌均匀；关火后加入4勺蚝油调成辣酱，倒入碗中备用。❹把煮熟的鸡捞出放入冰凉水中浸泡片刻；接着晾干鸡身上的水分，并把鸡肉撕成小条放入盆里。❺将准备好的柠檬丁、辣酱、香油、芝麻、香菜、小米椒和葱丝撒在鸡肉丝上面，用手抓均匀装盘即可，尽量多抓几遍能更入味。

减糖小贴士：鸡肉肉质细嫩、营养价值极高。而且鸡肉的含糖量不高，卡路里也比较低。这道麻辣鲜香的手撕鸡十分适合夏季控糖瘦身的人食用。

肉末蒸蛋

主料：鸡蛋3个、鸡胸肉50克；**辅料：**姜10克，小葱少许；**调料：**盐、生抽各1勺。

做法：❶鸡蛋打碎，加入盐、1.5倍鸡蛋液的温开水，搅拌均匀后过滤出气泡。❷用保鲜膜盖住碗口，并用牙签扎几个小孔，将鸡蛋液放到蒸锅中，中火蒸15分钟左右，再关火焖3分钟即可。❸蒸鸡蛋期间，将鸡胸肉剁碎，生姜、小葱切碎备用。❹蒸蛋蒸好后，再次起锅烧油，油热后倒入肉末、姜末翻炒变色；然后倒水半碗，调1勺生抽翻炒均匀，煮沸后倒在蒸好的鸡蛋羹上即可。

减糖小贴士：肉末蒸蛋中的蛋白质含量很高，含糖量却很低，对人体组织的构成和修复十分有用。对于身体缺少营养和虚弱的人来说，既美味又滋补。

炸乳鸽

主料：乳鸽2只；**辅料：**大葱1根；**调料：**盐、脆皮水各适量。

做法：❶大葱切段，乳鸽洗净，放入锅中，加葱段、盐和水煲40分钟。❷将煲熟的乳鸽取出，均匀地裹上脆皮水，挂在通风处吹干。❸锅中烧油至七成热时将吹干的乳鸽下锅炸成金黄色捞出沥油，摆盘即可。

减糖小贴士：每100克鸽子肉中大约含有1.8克的糖。鸽子肉中的营养物质很多，脂肪和含糖量却很低，食用鸽子肉可以补气养肝、保护视力、调节“三高”，还可以预防白发、脱发和早衰等现象。对于低糖饮食的人来说，鸽子是温补控糖的好食材。

葱爆羊肉

主料： 羊肉500克、葱白2根；**辅料：** 香菜少许；**调料：** 盐、蚝油、老抽、胡椒粉、料酒、味精、芝麻各适量。

做法： ❶羊肉洗净切片后放入盆中，加入盐、胡椒粉、老抽、料酒和少许清水，顺时针搅拌至羊肉吸收水分后腌制10分钟。❷葱白切丝，香菜切段，锅中烧油，油热放葱白翻炒约2分钟后盛出备用。❸锅中再次烧油，油热倒入腌好的羊肉不停滑炒约1分钟；然后倒入炒过的葱白和香菜段，加入蚝油和味精大火翻炒至熟，出锅装盘，撒上少许芝麻点缀即可。

减糖小贴士： 羊肉是一种富含优质蛋白质、维生素B群和多种矿物质的营养肉食。经常食用羊肉不仅可以增强免疫力，还可以帮助肠胃消化。而葱不仅养胃，还能温中理气、消积化食，更能增添食物的美味口感。二者都是低糖食材，简单搭配起来却是一道既营养又解馋的家常小菜。

蒜泥泡白肉

主料： 五花肉500克；**辅料：** 黄瓜、大蒜、姜、小葱、八角、花椒、香叶、桂皮各适量；**调料：** 料酒、盐、醋、生抽、香油各适量。

做法： ❶黄瓜洗净用削皮刀削成薄片，每片对折摆盘一圈备用。❷大蒜切末，加入盐、醋、生抽和香油调成料汁。❸小葱切段、姜切片；锅中烧水，放入五花肉，加入葱段、姜片、八角、花椒、香叶、桂皮、盐和料酒，大火煮开撇掉血沫后，盖上锅盖转中火煮30分钟捞出。❹将煮好的五花肉切成又长又薄的肉片，摆在黄瓜中间，最后将调好的料汁浇在肉片上即可。

减糖小贴士： 五花肉中含有大量蛋白质、无机盐、烟酸等，可以为人体提供很多的能量。五花肉虽然看起来肥腻，但每100克五花肉中仅含2.4克左右的糖。每100克大蒜中大约含有7.2克的糖，在它丰富的营养成分中，有机硫化合物的含量很多，具有抗氧化、降“三高”和抗癌的功效。

金针菇肥牛卷

主料：肥牛卷150克、金针菇50克；**辅料：**洋葱100克，小葱、红椒各少许；**调料：**生抽、老抽、蚝油、胡椒粉、淀粉各适量。

做法：❶金针菇洗净切掉根部后撕成小份，分别放在肥牛卷上卷起来。❷碗中加入生抽、蚝油、老抽、胡椒粉、淀粉和少量清水，搅拌均匀，倒入锅中，开火熬成料汁。❸洋葱切碎，平铺在铁板盘中；小葱切末、红椒切粒备用。❹锅中烧油，将肥牛金针菇卷平铺在锅中，煎约1分钟后出锅倒在铁板盘的洋葱上面，再撒上小葱末和红椒粒，蘸料汁食用即可。

减糖小贴士：每100克肥牛卷中大约含有6.4克的糖，金针菇的含糖量也很低。二者搭配起来食用，是一道不错的低糖饮食。特别是金针菇的营养功效很高，它丰富的氨基酸可以增强智力、延年益寿，还可以降低胆固醇，改善肠道疾病。而且金针菇中的多糖成分对肺癌有明显的抑制作用。

泡椒炒猪血

主料：猪血 1 块；**辅料：**泡椒 6 个、香葱 2 根、花椒 10 粒；**调料：**豆瓣酱 1 勺、白胡椒粉半勺、料酒 1 勺，盐、淀粉各适量。

做法：❶猪血清洗后切成块，泡椒、小葱切段备用。❷锅中烧油，油热放花椒粒、豆瓣酱和泡椒炒香；然后将切好的猪血放进锅中，加入生抽、白胡椒粉、料酒和盐轻搅均匀；约 3 分钟后锅中勾入少量水淀粉，再撒上葱段翻炒均匀，出锅装盘即可。

减糖小贴士：每 100 克猪血中大约含有 2.6 克的糖。别看猪血糖分低，却富含铁元素，而且这种铁元素是以血红素铁形式存在，非常容易被人体吸收。对孕妇、哺乳期妈妈和儿童的生长十分有利，经常食用可以预防缺铁性贫血。但需要注意的是，泡椒辛辣，虽然可以提升食欲，补充营养元素，但对于脾胃虚弱的人，过多食用会引起胃肠道不适。

第四节　家常鱼虾高蛋白

姜丝鳕鱼

主料：鳕鱼 1 条；**辅料：**生姜 150 克、干辣椒 4 个；**调料：**橄榄油 5 克、菜籽油 200 克、盐 8 克、酱油 2 勺、蚝油 1 勺、料酒 1 勺。

做法：❶生姜、干辣椒切丝，鳕鱼洗净并用厨房用纸吸干多余水分。❷锅中烧橄榄油，将鳕鱼煎至两面金黄后，放入烤箱调到 180 摄氏度烤 10 分钟。❸锅中倒入菜籽油，七成热时下姜丝炸至金黄色捞出备用。❹取一小碗，加入盐、酱油、蚝油、料酒调成料汁。❺从烤箱中取出鳕鱼，将生姜丝和干辣椒丝均匀铺撒在表面，淋上酱汁即可。

减糖小贴士：大部分海鲜的含糖量都很低，每 100 克鳕鱼中大约含有 2.6 克的糖。鳕鱼的味道十分鲜美，超高的营养价值也备受食客们喜爱。鳕鱼的胰腺会产生大量的胰岛素，经常食用可以降低血糖，预防糖尿病。鳕鱼中的营养物质很多，其中镁元素可以激活人体多酶的活性，对骨骼生长至关重要。总之，鳕鱼的营养价值远超其他许多鱼类。

干煸鱿鱼须

主料：鱿鱼须适量；**辅料：**香芹、姜、大蒜、干辣椒、花椒、芝麻、小米椒各适量；**调料：**料酒、麻油、郫县豆瓣酱、玉米淀粉、盐、味精各适量。

做法：❶鱿鱼须洗净，锅中烧水，水开加入料酒后放鱿鱼须，焯水5～6秒。❷鱿鱼须控干水分均匀裹上玉米淀粉，锅中烧油，油热五成放鱿鱼须炸至变色捞出，再复炸10秒捞出沥油。❸香芹切段、干辣椒切圈、小米椒切条、姜蒜切成末备用。❹锅中烧油，油热下姜蒜、干辣椒圈、花椒爆香，再加入郫县豆瓣酱和麻油炒出红油后，加入香芹和小米椒翻炒。❺最后倒入炸过的鱿鱼须，加入盐、味精、芝麻，大火翻炒均匀，快速出锅装盘即可。

减糖小贴士：每100克鱿鱼中仅含有大约2克的糖，但是它的蛋白质和微量元素十分丰富。鱿鱼能提供人体必需的养分，营养价值一点儿也不比牛肉少。但是鱿鱼对于过敏人群是禁食的。

爆炒鱿鱼

主料：鱿鱼 1 条；**辅料：**香葱 2 根，干辣椒、小米椒各适量；**调料：**老抽、料酒、生粉各适量。

做法：❶清洗干净鱿鱼，用刀在鱿鱼身上切成十字形花纹，再切成小片；香葱切段，姜蒜切末，干辣椒和小米椒切圈。❷取一大碗，倒入切好的鱿鱼，加入料酒和清水均匀搅拌，浸泡片刻。❸锅中烧水，水开放泡过的鱿鱼，煮至卷状捞出沥干水分。❹炒锅中烧油，油热用葱段爆香后，倒入鱿鱼卷翻炒均匀，再加入老抽、盐、干辣椒圈和小米椒圈，大火翻炒均匀，出锅装盘即可。

减糖小贴士：鱿鱼是低糖的海洋头足类软体动物。它富含钙、铁、磷，可以帮助骨骼发育，治疗贫血。鱿鱼中含有大量的牛磺酸，可以有效地降低人体胆固醇、缓解疲劳、帮助恢复视力。而它体内所含的多肽和硒具有抗病毒和抗射线的功效。

芹菜炒虾仁

主料：芹菜1根、虾仁200克；**辅料：**大蒜、红椒各少许；**调料：**盐、生抽各适量。

做法：❶芹菜去叶洗净切成小段；将虾仁放入冷水锅中煮2分钟捞出过凉水备用。❷大蒜切瓣，锅中烧油，油热七成放蒜瓣爆香；然后将芹菜段倒入锅中翻炒，并加入生抽提味。❸红椒切丝，待芹菜炒至七分熟时，把虾仁和红椒丝倒进锅中，再加入半勺盐继续翻炒3分钟，出锅装盘即可。

减糖小贴士：每100克芹菜中大约含有2.1克的糖。芹菜含有大量的膳食纤维和钙、镁、钾等元素，不仅可以增加饱腹感，还有助于消化排毒。此外，虾仁的含糖量也很低。经常食用芹菜和虾仁，不仅可以维护心血管健康，还有助于控制“三高”和提供人体必需的养分。

芦笋炒虾仁

主料：芦笋200克、虾15只；**辅料：**姜少许；**调料：**料酒、胡椒粉、生抽、盐各适量。

做法：❶芦笋洗净削去外皮切成段，锅中烧水，加入盐和油，水开焯芦笋10秒后捞出过凉降温备用。❷虾去掉虾仁和外壳，洗净后加入生抽和胡椒粉腌制入味。❸姜切成末，锅中烧油，油热下姜末爆香，再倒入虾仁翻炒变色后加入芦笋、盐和胡椒粉继续翻炒均匀，出锅装盘即可。

减糖小贴士：芦笋炒虾仁的营养价值很高，二者都是低糖高营养的食材，经常食用可以降低“三高”、通络止痛、开胃化痰和防癌抗癌。

豆花生鱼片

主料：豆浆 300 毫升、草鱼 1 条；**辅料：**葱、姜各少许；鸡蛋 1 个、八角 2 个、花椒 20 粒、内脂 2 克；**调料：**郫县豆瓣酱 2 勺、料酒 3 勺、蚝油 2 勺、生抽 1 勺、盐 3 克、味精 1 克，胡椒粉、淀粉各适量。

做法：❶先把豆浆倒入锅中煮沸，再倒在一个平底盘中放凉 5 分钟；然后准备一杯 50 毫升的沸水，把内脂倒入其中，搅拌均匀直到融化后，再倒入装有豆浆的盘中，搅拌均匀后静置待其凝固成豆花。❷将草鱼切成薄片，放在碗中，加入盐、鸡蛋清、淀粉、料酒搅拌均匀后腌制 10 分钟。❸锅中烧油，油热下姜丝、花椒、八角和郫县豆瓣酱炒出香味和红油；然后倒入 180 毫升的清水，加入蚝油、生抽、盐（1 克）、味精和胡椒粉搅拌均匀，待水煮沸后，将腌制好的鱼片逐片放进锅中；等到大火将其煮至周身泛白后，再把准备好的水淀粉倒入，轻搅均匀后关火。❹把煮好的鱼片均匀铺在豆花表面，浇上鱼汤，撒上葱丝点缀即可。

减糖小贴士：草鱼和豆浆的含糖量都很低。草鱼含有丰富的不饱和脂肪酸，可以加速血液循环，十分适合心血管疾病的患者食用；草鱼中还含有大量硒元素，经常食用有美颜抗衰的作用，也能够预防肿瘤等。豆浆中有很多植物蛋白和维生素，对孕妇、胎儿和青少年儿童的骨骼发育有很大的帮助。

蒜蓉粉丝蒸扇贝

主料：扇贝 10 个、粉丝适量；**辅料：**大蒜 7 瓣、小葱 1 根、小米椒少许；**调料：**生抽 15 克、蚝油 15 克，盐、味精各适量。

做法：❶粉丝泡水，大蒜、小葱、小米椒切末；扇贝分开清理干净。❷锅中烧油，油热放蒜末爆香，加入蚝油、味精、生抽、盐和小米椒末翻炒均匀后倒出备用。❸将泡过水的粉丝均匀地放在扇贝表面，再浇上炒好的蒜蓉汁，最后放在蒸锅上蒸 5 ~ 10 分钟，出锅撒上葱末，装盘即可。

减糖小贴士：扇贝肉嫩味鲜，含糖量极低，每 100 克中大约含有 2.6 克的糖。中医认为，扇贝具有滋阴补肾、调中下气、护育五脏的作用。扇贝中含有一种可以降低血清胆固醇的物质，经常食用不仅可以降低“三高”，还可以软化血管。而它丰富的维生素 E 可以抑制皮肤色素沉淀，修复皮肤上的部分损伤。

海鲜辣酱腌蟹

主料：螃蟹 1000 克；**辅料：**葱、蒜各适量；**调料：**生抽、醋、盐、海鲜辣酱各适量。

做法：❶螃蟹清理干净，用刀拍两下大蟹脚，并将身体分开后放在盆中。❷大蒜和葱切末，也倒在盆里。❸盆中加入生抽、醋、盐和海鲜辣酱搅拌均匀，然后用保鲜膜密封好盆口，放在冰箱中冷藏几个小时入味即可。

减糖小贴士：每 100 克螃蟹大约含有 7 克的糖。螃蟹属于寒性食材，有清热解毒的作用。对于身体的损伤瘀积和风湿疼痛也有一定的食疗效果。螃蟹中的蛋白质含量特别高，还有很多维生素和铁元素，适量食用可以调理“三高”，还能够修复组织细胞，提高身体免疫力。

水煮鱼片

主料：草鱼1条；**辅料：**青、红辣椒各适量，鸡蛋1个，姜、大蒜各少许；**调料：**盐、生抽、料酒、味精、淀粉各适量。

做法：❶草鱼洗净，用刀切成鱼片后用水冲净放在盆中，加入盐、料酒和蛋清顺时针搅拌均匀，然后加入淀粉继续搅拌上浆。❷姜蒜切片，锅中烧油，油热放姜蒜片爆香。再把鱼头和鱼骨放到锅中煎至金黄色。然后加入适量开水、盐、生抽和味精，水开熬3分钟后捞出鱼头和鱼骨，将上浆的鱼片放入锅中，煮40秒左右捞出放在碗中，浇上原汤。❸锅中烧少许油，油热下青、红辣椒圈，炝出香味后浇在鱼片上即可。

减糖小贴士：草鱼是鱼类中蛋白质含量很高、糖分很低的鱼，十分适合于糖尿病患者日常摄取蛋白质养分。经常食用草鱼可以维持身体中钾、钠的平衡，还可以降血压、消水肿。草鱼含有丰富的维生素和微量元素，其所含的磷可以修复身体中的组织器官，铜可以护育人体毛发、血液、肝脏、大脑和骨骼的发育。在中医看来，草鱼更是降肝阳、明眼目、祛虚痛的好食材。

香酥带鱼段

主料：带鱼 2 条；**辅料：**小葱、姜、大蒜各适量、花椒 20 粒；**调料：**盐、生抽、淀粉各适量。

做法：❶小葱切段，姜蒜切片，带鱼洗净切成小段放入盆中；再加入盐、生抽和切好的葱姜蒜，抓匀腌制 30 分钟。❷取一小碗，倒入适量的干淀粉，将腌制好的带鱼段均匀粘上干淀粉。❸锅中烧少许油，油热用花椒爆香，然后放入裹有淀粉的带鱼段煎至两面金黄色，出锅装盘即可（煎的时候不要急于翻面，以免鱼段破碎）。

减糖小贴士：带鱼含糖量低，脂肪含量很高。但是这种脂肪为不饱和脂肪酸，具有降低胆固醇的作用。带鱼浑身都是宝，除了鱼肉中的营养成分外，带鱼身上的磷和银白色油脂层中还含有一种抗癌的成分，对白血病和癌症有不错的预防作用。带鱼的做法有很多，除了又酥又脆的煎带鱼，还可以熬汤，这对于病后虚弱的人十分滋补；而蒸带鱼特别适合乳汁不足的哺乳期妈妈们。

爆炒蛏子

主料： 蛏子500克；**辅料：** 干辣椒适量、姜1块、大蒜5瓣、香菜少许；**调料：** 盐适量、生抽1勺、蚝油2勺、料酒3勺、辣椒酱适量。

做法： ❶将蛏子泡在盐水盆中吐沙，然后反复冲洗干净备用。❷干辣椒切段，姜蒜切末，香菜切段备用。❸锅中烧水，水开倒入蛏子煮开口后捞出备用。❹锅中烧油，油热加入姜蒜末和干辣椒段爆香；然后倒入蛏子快速翻炒1分钟；接着加入辣椒酱、料酒、生抽、蚝油和盐继续翻炒均匀；最后撒上香菜段，出锅装盘即可。

减糖小贴士： 每100克蛏子中大约含有2.4克的糖。蛏子不仅营养丰富，还具有滋阴补肾的作用。将蛏子配黄酒煮汤可以治疗产后虚弱；将蛏子配蒜梗炖煮可以消湿热水肿，通小便不畅。但是脾胃虚弱的人不可过量食用。

黄焖鳝鱼

主料：鳝鱼 400 克；**辅料：**大蒜 2 头、姜 10 克、香葱 10 克、干辣椒少许；**调料：**白酒 2 勺、老抽 2 勺、醋 3 勺、白胡椒粉 1 勺、味精少许。

做法：❶鳝鱼除去内脏后用温水洗掉黏液，切段备用。❷香葱、干辣椒切段，姜切片，大蒜去皮备用。❸锅中烧油，油热下姜片、大蒜和香葱段爆香，然后倒入鳝鱼，加入白酒、老抽、醋和味精翻炒 3 分钟；最后倒入开水，没过鳝鱼，盖上锅盖小火炖半小时。❹半小时后，改大火收汁，待汤汁黏稠，撒上白胡椒粉，出锅装盘，用香葱等菜末点缀即可。

减糖小贴士：每 100 克鳝鱼中大约含有 6.7 克的糖。鳝鱼从头到尾都是宝，对很多疾病都有不错的食疗效果：鳝鱼头具有健脾益胃、解毒杀虫的作用；鳝鱼皮可以散结止痛，辅助治疗乳腺炎；鳝鱼的血可以壮阳通络，治疗跌打损伤等。

烤三文鱼排

主料：三文鱼排2块；**辅料：**柠檬少许；**调料：**黑胡椒、盐、料酒、橄榄油各适量。

做法：❶三文鱼排清洗干净，用厨房用纸擦干水分。❷在鱼排上涂抹少量料酒、盐、橄榄油和黑胡椒碎，腌制15分钟。❸在平底锅中倒入少许橄榄油，油热放入三文鱼排，中火两面各煎3分钟。最后在鱼排上放少许柠檬汁，摆上柠檬片装饰即可。

减糖小贴士：三文鱼是有名的低糖食材，它的营养价值很高，经常食用可以预防老年痴呆、健脾养胃和缓解水肿。特别是三文鱼鱼肝油中含有大量维生素D，能促进人体对钙的吸收，利于骨骼发育。

第五节　滋补汤品花样多

老鸭汤

主料：鸭子1只；**辅料：**红枣、姜、枸杞、小葱各适量，人参1根（也可以不添加）；**调料：**盐、味精、黄酒各适量。

做法：❶取一整只鸭子，用刀切开腹部，将内外清理干净，去掉鸭屁股。锅中烧水，将鸭子放进去焯水，并加入黄酒、盐和味精增味。❷水开之后撇去锅中浮沫留下原汤，并捞出鸭子用清水洗净，沥干水分备用。❸锅中烧油，油热把鸭子两面轻煎一下，待鸭皮变成金黄色后取出来备用。❹葱切小段，姜切片。将鸭子放进砂锅中，并倒入原汤，放葱段和姜片入味。❺大火煮至汤水变白后，改小火盖上锅盖焖煮约40分钟；然后加入红枣、枸杞和人参，盖上锅盖继续炖煮30分钟，关火撒上葱段即可。

减糖小贴士：每100克鸭肉中大约含有0.1克的糖，对于糖尿病和控糖人群很适合。老鸭汤是一道十分传统的滋补特色靓汤，它的滋补作用很明显，可以养胃补虚、滋补五脏、补气养血等。特别适合大病之后需要补益身体的人群。

鱼丸羊肉汤

主料： 鱼丸 300 克、羊肉 400 克；**辅料：** 枸杞、红枣、姜、大葱各适量；**调料：** 盐、白胡椒粉各适量。

做法： ❶羊肉剁成块，放入加有少许盐的水中浸泡 30 分钟，泡去血水和杂质。❷将泡好的羊肉清洗干净，放到冷水锅中煮至羊肉变色，捞出后用温水冲洗干净，沥干水分备用（期间要撇去水上的浮沫）。❸大葱切段，姜切成片；将煮过的羊肉倒进砂锅中，再加入姜片、枸杞、红枣、白胡椒粉和凉水，用大火烧开后转中火炖约 1 小时。❹平底锅中烧油，油热后加少许盐，将鱼丸放进锅中小火煎，加入清水，大火烧开后炖煮 5 分钟。❺等鱼丸汤熬好后；再把鱼丸汤倒进炖羊肉的砂锅中，小火再炖 30 分钟后，撒入盐调味即可。

减糖小贴士： 每 100 克羊肉中大约含有 0.5 克的糖，每 100 克鱼丸中大约含有 0.1 克的糖。二者都是低糖肉食，但提供的能量却十分丰富。

竹荪三鲜汤

主料：竹荪6根、笋片150克、猪肚1个、青菜4棵；**辅料：**姜、小葱各少许；**调料：**料酒、盐、味精、胡椒粉、面粉各适量。

做法：❶把猪肚放入盆中，加入料酒和面粉使劲揉搓，静置20分钟后，用清水将猪肚洗净。❷小葱切段，姜切片。锅中烧水，加入料酒、葱段和姜片，再把洗净的猪肚放进去煮出血沫后，换水继续煮约半小时，然后捞出切片。❸竹荪去裙，温水泡发后洗净备用，笋片和油菜洗净备用。❹锅中烧油，油热下姜片和葱白爆香；接着倒入猪肚大火翻炒约3分钟。❺然后加水（放鸡汤味更佳），放笋片煮约15分钟后，加入胡椒粉、盐和味精继续炖煮入味。最后起锅前约5分钟时放竹荪和青菜即可。

减糖小贴士：竹荪三鲜汤所用皆是低糖食材：竹荪具有补气养阴、润肺止咳、清热祛湿的作用；笋片可以促进消化、调理“三高”、开胃通便；猪肚更是健脾养胃的好食材。

丝瓜炖鱼丸

主料：丝瓜、鱼丸各适量；**辅料：**姜、大蒜、小葱各少许；**调料：**盐、生抽各适量。

做法：❶姜蒜洗干净，切片；丝瓜洗干净去皮，用滚刀切成块；鱼丸洗干净，备用。❷锅中放适量的油，放入姜蒜炒香；接着放入丝瓜，再加入一点清水，煮开。❸水开后放入鱼丸，用中火炖 10 分钟左右，最后加少量的盐、生抽调味，出锅装盘即可。

减糖小贴士：丝瓜和新鲜鱼丸的含糖量都很低。丝瓜具有凉血解毒、清热化痰的作用，最关键的是丝瓜中含有丙二酸、三萜皂苷等成分，它们具有抗病毒、抗过敏和控制血糖的作用。而鱼丸中丰富的优质蛋白质可补充机体所需的蛋白质。

番茄海鲜汤

主料：鲜虾、贻贝、长钳虾、番茄各适量；**辅料：**大蒜、香菜、芹菜各少许，八角2个；**调料：**盐适量。

做法：❶番茄洗净切块，大蒜切片，香菜切段，芹菜切丁；鲜虾去虾头和虾壳，长钳虾去壳，贻贝洗净去沙备用。❷锅中烧油，加入蒜片和八角炒香；再加入番茄炒至出水；然后加入虾壳和清水，小火煮15分钟入味。❸捞出虾壳，将所有海鲜倒入番茄汤中大火煮5分钟，最后加盐调味，出锅装盘，撒上芹菜丁和香菜叶点缀即可。

减糖小贴士：这道番茄海鲜汤所用原料都是低糖、高营养的食材。富含维生素的番茄和富含优质蛋白等多种营养成分的海鲜搭配在一起，味道鲜美爽口，营养价值很高。不过需要注意的是，脾胃虚弱的人过量食用容易出现消化不良、腹胀便秘的情况。

鱼头炖豆腐

主料：鱼头 1 个、老豆腐 1 块；**辅料：**小葱、姜各少许；**调料：**盐、花椒粉、味精各适量。

做法：❶小葱打成结，姜切片，豆腐切块备用。❷鱼头刮干净两边的鳞片，去除鱼鳃洗净备用（如果选用的鱼头很大可以切开分两次吃）。❸冷锅凉油，烧至六成热，放入鱼头两边各煎 2 分钟。❹在砂锅中倒入鱼头，加入葱结、姜片、水和料酒，大火烧开；水开放豆腐块，小火炖至鱼肉离骨后，加入盐、花椒粉和味精调味即可。

减糖小贴士：鱼头和豆腐都是经典的低糖食材，二者富含蛋白质、微量元素和维生素等营养成分，特别是钙的含量极高，非常适合老年人、儿童、孕产妇和哺乳期妈妈食用。

冬瓜肉丸日本豆腐汤

主料：猪肉、日本豆腐、冬瓜各适量；**辅料：**鸡蛋1个；**调料：**盐、淀粉各适量。

做法：❶把猪肉、鸡蛋清和淀粉一起放入料理机，加入少许油和盐，将其打成肉泥备用。❷锅中烧油，油热放冬瓜翻炒约1分钟；然后加入适量清水，水开后放肉泥（弄成丸子型）；待肉泥成型后放入豆腐和盐，煮约10分钟，出锅装盘即可。

减糖小贴士：每100克冬瓜中大约含有1克糖，日本豆腐和猪肉的含糖量也很低，这道冬瓜肉丸日本豆腐汤十分适合糖尿病患者食用。冬瓜中的丙醇二酸可以防止人体脂肪堆积，乌氨酸等可以消肿利尿，而那些丰富的膳食纤维可以降低“三高”、清理肠道。经常食用冬瓜还可以美容养颜、抑制黑色素。

海带豆腐汤

主料：豆腐 1 块、海带结适量；**辅料：**面粉 5 克、姜少许；**调料：**胡椒粉、香油、盐各适量。

做法：❶把豆腐切成小正方形丁块，海带结充分清洗并手撕成块，姜切片备用。❷锅中烧油，油热放姜片爆香，然后加入 5 克面粉炒散；接着倒入热水煮开，放海带和豆腐块，再加入胡椒粉和盐调味，继续煮约 3 分钟后，淋入少许香油出锅装盘即可。

减糖小贴士：豆腐海带汤采用的都是低糖食材，特别是海带中几乎不含糖。但海带中的微量元素丰富，碱度高，适量食用可以提高人体免疫力，还能排出人体内过多的盐分。海带对儿童的成长发育和记忆力集中也有帮助，同时有美容减肥的作用。海带可以与很多食材搭配，熬制的汤不仅营养价值高，还可以辅助治疗头晕目眩、肝热痰多和黄疸水肿等病症。

虾仁萝卜丝汤

主料： 白萝卜1根、虾6只；**辅料：** 小葱2根、姜1块、大蒜3瓣；**调料：** 盐1勺、胡椒粉1勺、料酒1勺。

做法： ❶白萝卜洗净去皮切丝，葱姜蒜洗净切碎；虾洗净去壳、去头、去虾线备用。❷锅中烧油，油热放姜蒜爆香；放入虾仁翻炒约1分钟后，倒入料酒和清水；水开后放萝卜丝，煮沸后转中火继续炖煮5分钟左右，再加入少许盐搅拌均匀，出锅装盘，撒入葱末点缀即可。

减糖小贴士： 俗话说“冬吃萝卜夏吃姜”，萝卜具有极高的营养价值，而虾所提供的营养也十分丰富，二者都是低脂低糖的食材。这道虾仁萝卜丝汤十分适合控糖和高血糖的人食用，它除可以补充人体必需的营养外，还能缓解便秘、增加饱腹感，是一道标准的减脂减糖大补汤。

番茄鸡蛋汤

主料： 番茄 2 个、鸡蛋 3 个；**辅料：** 小葱少许；**调料：** 盐、醋、味精、香油、淀粉各适量。

做法： ❶将番茄放入碗中用开水烫一会儿，去皮切丁备用；把鸡蛋打入碗中搅匀；小葱切末备用。❷锅中烧油，油热倒入番茄丁，翻炒出浓汁。❸然后倒入适量清水，水开后勾入少许水淀粉并加入盐、味精和醋，煮约 30 秒后，将鸡蛋液淋入锅中。❹待鸡蛋液定型后，轻搅均匀；最后加入香油和葱花搅拌均匀，出锅装盘即可。

减糖小贴士： 番茄属于低脂肪、低蛋白、低热量、低碳水、低胆固醇但高钙、高维 C 的食材；鸡蛋属于低膳食纤维、高蛋白、高维 A 的食材。二者的含糖量都不高，但营养互补，十分适合于低脂低糖饮食的人群。

豌豆尖炖豆腐

主料：豆腐 1 块、豌豆尖适量；**辅料：**姜 1 块；**调料：**盐、味精、香油各适量。

做法：❶豆腐切丁块，豌豆尖洗净，姜切片备用。❷锅中烧水，放姜片煮开后，倒入豌豆尖和豆腐块；待水再开时，加入盐和味精调味；煮约 5 分钟后，淋上少许香油增味，出锅装盘即可。

减糖小贴士：豌豆尖即豌豆苗，相对于糖分高的豌豆来说，每 100 克豌豆苗中约含有 4 克的糖。豌豆苗中除含有大量的膳食纤维等营养物质外，还含有赤霉素和植物凝素，可以起到杀菌消炎的作用，也能促进人体的新陈代谢。豌豆尖配豆腐，是控糖减脂健身人士的日常饮食之一。

港式炖乳鸽

主料： 乳鸽1只、猪瘦肉少许；**辅料：** 生、熟薏米各30克，莲子、百合、玉竹、芡实各15克，鲜淮山药150克，红枣4颗，枸杞、姜各少许；**调料：** 盐适量。

做法： ❶乳鸽去内脏清洗干净，猪瘦肉和鲜淮山药切块，姜切片，其他所有食材洗净备用。❷取一瓦煲，放入猪瘦肉、乳鸽和其他所有食材，倒入适量清水，大火煮沸后再改中小火慢熬2小时左右，最后加入少许盐调味即可。

减糖小贴士： 在粤菜中，鸽子比鸡更常用。鸽子肉的含糖量很低，十分滋补。这道典型的粤菜补汤不仅能祛湿开胃、化痰润肺，还能降心火、去暑邪。它所搭配的薏米、莲子、百合等食材，是可以调理身体的中药材。所以，按此方法熬制的鸽子汤，除能满足人体各种营养需求外，还能达到调理滋养身体的效果。

枸杞水煮羊排

主料：羊排500克；**辅料：**姜少许、枸杞10粒、香菜2根、小葱2根；**调料：**盐、辣椒蘸酱各适量。

做法：❶将羊排浸泡半小时，洗去血水；香菜、葱白切末装入小碗中备用；姜切片备用；辣椒蘸酱倒入小碗中备用。❷锅中烧水，凉水放入洗好的羊肉，加入姜片后大火煮开，并撇干净浮沫；然后改中火煮30分钟后加入盐和枸杞，继续炖煮10分钟关火即可。❸食用时可以盛入小碗中，撒入葱末和香菜，汤水会更加入味，羊排可以蘸辣椒酱食用。

减糖小贴士：羊肉的含糖量极低，这道羊汤的做法纯天然，所以含糖量也很少。羊肉属于药食同源的食材，富含多种营养物质，十分适合中老年人、高胆固醇以及控糖人群。经常食用羊汤，可以温中补胃、养肝明目和补肾壮骨。另外，羊肉中含有丰富的细胞色素C，可以改善人体组织缺氧的情况。

第六节　无糖甜点零负担

提拉米苏

主料：脱脂牛奶200克、饼干（全麦面包）适量；**辅料：**玉米淀粉5克、鸡蛋1个、可可粉8克。

做法：❶将脱脂牛奶、玉米淀粉、鸡蛋和可可粉混合，小火煮至浓稠后冷藏备用。❷将饼干压碎（全麦面包可直接用），取玻璃杯，放一层饼干后再放一层可可奶酱，如此重复，叠加装至杯满，放入冰箱冷藏或者冷冻后即可食用。

减糖小贴士：脱脂牛奶的含糖量为0，富含优质蛋白质、矿物质和B族维生素。全麦饼干是减糖饮食人群的首选零食，它可以降低“三高”、控制胆固醇，其丰富的纤维素还可以改善便秘症状。

红豆燕麦饼干

主料： 红豆、燕麦片各适量；**辅料：** 鸡蛋 2 个、牛奶少量。

做法： ❶锅中烧水，将红豆煮熟备用。把燕麦、牛奶、鸡蛋和熟红豆搅拌成泥，然后在烤盘上轻涂一层食用油，把搅拌好的燕麦泥做成饼状放置在烤盘上（可以做成自己喜欢的任何形状）。❷将烤盘放进烤箱中，温度 170 摄氏度，烤 20 分钟，出炉装盘即可。

减糖小贴士： 每 100 克红豆中大约含有 5.8 毫克的糖，每 100 克燕麦中大约含有 2 克的糖。燕麦中含有丰富的蛋白质、矿物质和 β－葡聚糖等营养成分，经常食用可以降低血清胆固醇，帮助减肥。而红豆中除含有大量的蛋白质外，铁元素也很丰富，经常食用不仅可以消除水肿、清热解毒，还可以缓解女性经血滞闭的情况。

杏仁豆腐

主料：南杏仁30克、北杏仁10克、白凉粉20克；辅料：零卡糖15克、干桂花适量。

做法：❶将南、北杏仁用热水浸泡2小时以上；接着倒掉杏仁水，加入牛奶和零卡糖，用破壁机榨汁功能打成杏仁奶。❷将打好的杏仁奶倒入锅中，加入白凉粉，小火加热煮开后，关火过滤到玻璃罐中，待冷却后把玻璃罐密封起来，放进冰箱冷藏1天，食用时撒上干桂花装饰即可。

减糖小贴士：每100克杏仁中大约含有3.9克的糖，每100克白凉粉中仅含有0.6克左右的糖。杏仁一般分为南杏仁和北杏仁：南杏仁较大，被称为甜杏仁，是很多菜肴的首选食材，经常食用可以润肺止咳、生津开胃；北杏仁较小，被称为苦杏仁，是许多中药房的首选药材，经常食用可以止咳平喘、润肠通便。这道甜品虽然糖分不多，但过量食用容易积食，造成血糖的波动。零卡糖主要是由膳食纤维、糖素和赤藓糖醇组成，这种纯天然植物成分可以促进肠道蠕动，快速排解体内的毒素和垃圾，也有减肥的作用。

全麦可丽饼

主料： 全麦面粉 50 克、牛奶 100 克；**辅料：** 椰子油 6 克、蓝莓少许、鸡蛋 1 个、橄榄油少许。

做法： ❶将牛奶、鸡蛋和椰子油倒入玻璃罐中搅拌均匀，再加入全麦面粉继续搅拌，直到变成没有颗粒物的面糊，然后放入冰箱冷藏一晚。❷取出面糊，在平底锅上浅涂一层橄榄油，加入 1 大勺面糊均匀摊开；然后开小火煎至面饼起泡后，翻面再煎 30 秒后关火装盘，撒上蓝莓装饰即可。

减糖小贴士： 全麦面粉是许多主食原料中 GI 指数略低的一种，其 GI 指数约为 42。全麦面粉的营养价值很高，里面富含多种维生素和微量元素，对于人体十分重要。其丰富的纤维素可以缓解便秘症状，水溶性膳食纤维可以降低胆固醇的含量。全麦面粉一直是健身瘦身、控糖人士的最爱。

牛奶布丁

主料： 无乳糖牛奶250克、吉利丁粉10克；**辅料：** 代糖粉3克、无糖椰浆50毫升。

做法： ❶将吉利丁粉倒入小碗中，加入少许开水溶化；接着取一小碗倒入代糖粉，再加入少许开水溶化（二者总共不能超过半碗水）。❷取一布丁碗，将溶化后的吉利丁粉和代糖粉倒在一起，再加入牛奶和椰浆，搅拌均匀后过滤一遍，然后用保鲜膜密封好碗口，放进冰箱冷藏一晚，即可食用。

减糖小贴士： 吉利丁粉又称为鱼胶粉，是由鱼鳔和鱼皮提炼出的一种纯蛋白质的天然凝胶，它不含淀粉、不含脂肪、不含糖，专门用于制作甜点、果冻等食品。代糖粉是一种人工合成的甜味剂，不含糖。椰浆的营养价值很高，不仅可以生津止渴，还可以润肠通便。椰浆是从椰子肉中榨取出来的一种液体，为了增加口感质量，市面上许多椰浆都加入了大量的水和糖分，所以在制作这道点心时，一定要选购无糖椰浆。

无糖黑巧克力

主料：可可液块100克、纯可可脂50克；**辅料：**榛子碎适量、赤藓糖醇40克。

做法：①将可可液块和可可脂切碎（越碎越好），然后把可可液块、可可脂和赤藓糖醇一起放盆里，再把盆放在热水中将其融化。②边溶化边搅拌，搅拌至均匀的黏稠糊状备用。③在准备好的巧克力模具中提前撒上榛子碎，再将搅拌好的巧克力糊倒进模具中，并震动释放气泡后，静放15分钟，再放入冰箱中冷藏1小时，脱模即可食用（如果天气热可以多冷藏一会儿）。

减糖小贴士：黑巧克力中的糖分一般较高，因此选用赤藓糖醇代替普通糖分。赤藓糖醇是一种天然存在的糖醇，许多水果和蔬菜中都有。因此，用它制作出来的黑巧克力含糖量大大降低。控糖人士可以适量食用黑巧克力，它具有延缓衰老、保护心脏、降低血压和胆固醇的作用。

低卡冰淇淋

主料：无糖豆浆粉、零蔗糖酸奶各适量；辅料：零卡可可粉适量。

做法：❶取一个容器，倒入适量无糖豆浆粉、零蔗糖酸奶和零卡可可粉，搅拌成均匀的黏稠状。❷将其冷冻2小时，然后用挖球器挖成小球状，放在小碟中食用即可。

减糖小贴士：可可粉是由可可豆制成的粉状物质，是许多蛋糕、巧克力、冰淇淋的必用食材。可可粉有调控血压、血脂的作用，十分适合于瘦身和“三高”人士食用。豆浆和酸奶的营养价值也很高，用三者混合制作出来的冰淇淋含糖量很低，口感也不错。

戚风蛋糕

主料：鸡蛋 3 个、蛋糕专用面粉 135 克；**辅料：**木糖醇蛋白 15 克、木糖醇蛋黄 25 克、脱脂牛奶 15 克、无糖酸奶 15 克、玉米油 25 克、柠檬汁 3 ~ 5 滴。

做法：❶取两个干净的盆，分别放入蛋白和蛋黄。❷在蛋黄盆中加入 25 克木糖醇搅拌均匀；然后加入牛奶和酸奶搅拌均匀；接着加入玉米油继续搅拌；最后加入蛋糕专用面粉一直搅拌至出筋备用。❸将蛋白用打蛋器打发到出现鱼眼泡时加入木糖醇 5 克和几滴柠檬汁；接着打发出细腻泡泡时再加入木糖醇 5 克；然后一直打发到光滑时再加入木糖醇 5 克；最后一直打发到大弯勾备用。❹把一小部分蛋白放入搅拌好的蛋黄糊中搅拌均匀；然后再重新倒回蛋白盆中，继续搅拌均匀；最后将搅拌好的蛋糕糊倒入蛋糕模具内，并在桌面震动几下，震出气泡。❺把装有蛋糕糊的模具放入烤箱中，上火 125 摄氏度、下火 115 摄氏度，烤 45 分钟后，改上、下火均为 110 摄氏度继续烤 15 分钟即可。

减糖小贴士：这款低温慢烤的戚风蛋糕十分柔软细腻，相比高温烤的口感更加浓郁。无糖蛋糕可能没有那么甜蜜，但是对于高血糖人群来说十分安全健康。适量食用无糖戚风蛋糕，不仅有瘦身的作用，还能改善口腔问题、减少坏牙的风险。

蛋黄酥

主料：熟鸭蛋黄4个、蛋挞皮3份；**辅料：**盐少许，紫薯2个，鸡蛋1个，黑芝麻、低筋面粉、无糖牛奶各适量。

做法：①在玻璃容器中倒入适量低筋面粉，加入牛奶、盐；接着加入蛋挞皮继续和面，直到面团不黏手备用。②紫薯洗净去皮，上锅蒸熟，然后打成紫薯泥备用。③将和好的面团分成四段，再将紫薯泥分成4份；从熟鸭蛋中取出鸭蛋黄，用紫薯泥分别包裹鸭蛋黄，轻轻揉搓成紫薯球。④将面团用手分别压成圆形面皮，然后用面皮分别包裹紫薯球，继续轻轻揉搓成圆球形状，逐个放在烤盘中。⑤取小碗把鸡蛋黄分离出来，搅拌均匀，分别涂抹在圆球形面团的表面，再撒上黑芝麻点缀；然后将烤盘放入烤箱中，调至180摄氏度，预热5分钟，烤25分钟即可。

减糖小贴士：蛋黄酥中含有丰富的营养物质，不仅可以补充人体能量，还能为人体输送许多营养成分。蛋黄酥一般采用咸鸭蛋蛋黄，其中鸭蛋的含糖量在1.2～4.2克，只要对鸭蛋不过敏的人士都可以食用。鸭蛋黄中卵磷脂很丰富，它们在被人体消化后，能够释放出胆碱，从而改善人体记忆力，有健脑的作用。经常食用鸭蛋黄，还可以补钙和保护肝脏。

泡芙

主料：全麦面粉 30 克；**辅料：**脱脂牛奶 100 克、鸡蛋 1 个、低卡酱适量。

做法：❶锅中倒入牛奶和全麦面粉，一边加热、一边搅拌均匀，一直搅拌至黏稠备用。❷取一小碗，鸡蛋打散后分次倒入搅好的面糊中，一直搅拌直到面糊成倒三角状态后，将其装入裱花袋中，再逐次挤在烤盘上，温度调至上、下火 200 摄氏度，放入烤箱烤 10 分钟后，改上、下火 180 摄氏度烤 20 分钟（出炉时切记震下烤盘）。❸待泡芙冷却后即可食用，食用时加入低卡酱即可。

减糖小贴士：全麦泡芙减少了人体对糖和脂肪的摄入。适量食用全麦泡芙有助于降低人体血液中的激素含量，从而有一定的防癌作用。

第七节　时尚饮品花样多

芋泥奶茶

主料： 水 500 毫升、脱脂牛奶 500 毫升、荔浦芋头 1 个；**辅料：** 红茶 5 ~ 10 克、代糖 10 ~ 30 克。

做法： ❶把荔浦芋头切成块上锅蒸 20 分钟，蒸好后加适量代糖、100 毫升牛奶压拌成泥。❷将红茶煮熟，过滤倒入容器中，按 1 ∶ 1 比例加入牛奶，搅拌均匀即成奶茶。❸杯底放入芋泥，奶茶倒在上面，即可饮用（喜欢加冰的可以加冰，不添加黑珍珠）。

减糖小贴士： 每 100 克芋头中大约含有 13 克的糖。芋头样貌普通，但营养价值很高，它不仅可以当做蔬菜，也可以当做主食。芋头中丰富的营养物质可以增强人体的免疫力，特别是芋头中的黏液蛋白被人体吸收后，可以产生免疫球蛋白或抗体球蛋白，可以说是提高人体抵抗力的“福星”。而且芋头中含有大量的矿物质氟，多吃芋头对牙齿也有保护作用。虽然芋头相较于其他低糖食材，含糖量略高，但是适量食用还是有很多益处的。

蓝莓燕麦酸奶

主料：无糖酸奶 1 杯、燕麦片 10 克；**辅料：**蓝莓少许、草莓 1 颗。

做法：❶将燕麦片倒入杯中，加入热水浸泡。❷取 1 杯酸奶，倒入无糖酸奶，再倒入浸泡过的燕麦片，放冰箱冷藏 3 小时。❸食用前加上蓝莓少许、草莓半颗点缀即可。

减糖小贴士：蓝莓燕麦酸奶是一种混合物饮品，含有丰富的植物纤维素、钙离子、铁离子、蛋白质和氨基酸等营养物质。适量食用不仅可以使人体吸收大量的乳酸菌，从而稳定肠道菌群、改善肠胃不适症状，还可以辅助预防骨质疏松。

红豆酸奶杯

主料：红豆 200 克、水适量、无糖酸奶 1 杯；**辅料：**零卡木糖醇适量。

做法：❶将红豆洗净，直接放入电压力锅，加入红豆量 3 倍的水，开豆类按键压煮，煮好后焖一晚。❷第二天将零卡木糖醇加入到压力锅中，和红豆沙一起搅拌均匀备用。❸在酸奶杯中倒入无糖酸奶，再在酸奶表面加上半碗煮好的红豆沙即可。

减糖小贴士：红豆是一种超低糖食材，它含有丰富的淀粉，可以消胀除肿；还含有大量膳食纤维，具有润肠通便、降“三高”的作用。红豆酸奶酸甜可口，经常食用不仅有开胃化积的作用，还能增加饱腹感，具有一定的美容瘦身作用。

莓果冰沙

主料：冷冻草莓 100 克、冷冻蓝莓 100 克、冷冻树莓 60 克；**辅料**：冰块 100 克、清水 30 毫升。

做法：❶ 在料理机中加入冰块、冷冻草莓、蓝莓和树莓；接着倒入清水，启动机器搅打约 30 秒。❷ 待搅打均匀细腻后，倒入玻璃杯中饮用即可。

减糖小贴士：每 100 克蓝莓中大约含有 14 克的糖，每 100 克草莓中大约含有 6 克的糖，每 100 克树莓中大约含有 5 克的糖。这三种水果都是低糖水果，而且很有营养。蓝莓中含有丰富的黄酮物质，可以降血压、降血糖；花青素可以延缓衰老、保护大脑，还能强化视力、淡化咽痛等。草莓富含营养物质，经常食用不仅可以降"三高"、防护心脏器官，还能养肝明目、健胃消食。树莓中也有很多营养物质，它不仅有补肾明目的作用，还有解毒化痰、提高免疫力的功效。其中蓝莓被国际粮农组织列为人类五大健康食品之一。

苹果醋柠檬气泡水

主料：气泡水（苏打水）1杯；**辅料：**黄柠檬3片、苹果醋20～30毫升。

做法：❶柠檬切片放入杯中，压出柠檬的汁水，放入冰块。❷接着倒入一杯无糖气泡水，再倒入苹果醋20～30毫升，搅拌均匀即可饮用。

减糖小贴士：每100克苹果醋中大约含有0.4克的糖。苹果醋是用苹果汁发酵制成的果醋饮品，经常饮用可以促进食欲、预防“三高”、排毒减肥和美容杀菌等。苹果醋柠檬水的含糖量超级低，这款饮品是糖尿病患者和控糖人士夏日的首选饮品。

接骨木花茶

主料：接骨木花 1 束；**辅料：**柠檬半个、零卡糖少许。

做法：❶新鲜的接骨木花洗净，柠檬切块备用。❷将接骨木花、零卡糖和柠檬块一起倒入烧茶壶中煮开，然后倒入玻璃容器中冷藏 2 ~ 3 天后，倒入果汁杯中饮用即可。

减糖小贴士：这款接骨木花茶清新怡人，含糖量很低，几乎人人都可以饮用。接骨木花具有发汗利尿的功效，经常饮用可以辅助瘦身减肥；它还有美容养颜、美白抗皱的作用。特别是在炎热的夏季，饮用此茶能消暑降火，去除口气。另外，接骨木花中含有丰富的花青素，能够滋润眼部肌肤。

西柚汁

主料：西柚 1 个；**辅料：**纯净水 50 毫升，冰块、无糖苏打水各适量。

做法：❶西柚洗净切下 2 ~ 3 片薄片，其余的去皮留下果肉备用。❷将西柚肉放入榨汁机中，加入适量纯净水打成果汁。❸取一果汁杯，把打好的西柚汁倒入杯中三分之一，并加入冰块；然后加入少许无糖苏打水搅拌均匀；最后将西柚薄片放入杯中装饰即可。

减糖小贴士：每 100 克西柚中大约含有 7.8 克的糖。西柚中的果酸可以促进人体消化液的分泌，帮助消化，治疗便秘；丰富的果胶可以降低胆固醇密度，调理血脂。西柚也是一种含钠极少、含钾很多的水果，能够帮助人体维持钾的平衡。

草莓冰沙

主料： 草莓 500 克；**辅料：** 零卡糖 35 克。

做法： ❶将草莓洗净去掉根蒂放在碗中，接着加入零卡糖搅拌均匀后放入冰箱冷藏 2 小时。❷将冷藏过的草莓倒入锅中，大火煮约 5 分钟，煮的过程中要不停搅拌，并过滤掉气泡。❸煮好的草莓冷却后放入冰箱冷冻 3 小时，食用时放入冰沙杯中，并在杯口放草莓和蓝莓点缀即可。

减糖小贴士： 草莓的含糖量很低，但维生素 C 的含量比苹果中的还要多。中医认为，草莓具有润肺生津、消暑解热、利尿止渴的作用，对风热咳嗽、口舌溃烂、咽痛便秘和高血压等症状，有不错的辅助治疗效果。

牛油果奶昔

主料：牛油果1个；**辅料：**无糖牛奶300毫升，零卡糖少许，苹果1个，柠檬、冰块各适量。

做法：❶洗净所有食材。❷将牛油果果肉挖出放入料理机中，苹果切成小块放入料理机中，四分之一个柠檬去皮放入料理机中，最后加入无糖牛奶、冰块和少许零卡糖。❸使用料理机奶昔功能将食材全部打碎，倒入准备好的奶昔杯中，再用喜欢的食材装饰点缀即可。

减糖小贴士：每100克牛油果中大约含有5.6克的糖。牛油果营养价值极高，几乎人人都能食用。它含有丰富的维生素和矿物质，抗氧化作用十分明显，能够清除自由基，减轻紫外线对皮肤的损伤，美容价值很高。牛油果中的铁元素含量很多，经常食用可以预防缺铁性贫血；而它富含的酶有清理肠道的作用，对心血管等重要器官有一定的保护作用。

苹果胡萝卜汁

主料：苹果1个、胡萝卜半根；**辅料：**纯净水500毫升。

做法：❶将苹果和胡萝卜都去皮切块。❷将切好的苹果块和胡萝卜块倒入榨汁机中，加入适量纯净水，开启榨汁功能；最后将榨好的果汁倒入果汁杯中即可。

减糖小贴士：苹果和胡萝卜的含糖量都很低，富含维生素，经常食用可增强抵抗力，也有一定的美容效果。另外，苹果胡萝卜汁中还富含柠檬酸和苹果酸，能有效地促进肠道蠕动，保护肠道健康。

柠檬黄瓜葡萄汁

主料：黄瓜半根、葡萄适量；**辅料：**柠檬1个、冰块适量。

做法：❶洗净所有食材，将黄瓜切下一薄片装饰在果汁杯壁内，其余黄瓜切成丁块备用；柠檬切下1片，其余柠檬去皮去籽切成块备用；葡萄留下3颗，其余去皮去籽备用。❷将黄瓜块、柠檬块和葡萄肉一起放入榨汁机中，再加入适量凉开水榨成果汁，然后倒入果汁杯中，最后用葡萄和柠檬片在杯口装饰点缀即可。

减糖小贴士：这款低糖果汁中，葡萄的含糖量较黄瓜和柠檬略高，每100克葡萄中大约含有10克的糖。但葡萄的营养价值并不比黄瓜、柠檬低，葡萄中的果酸可以改善食欲不振、积食的情况；而维生素和黄酮类物质，可起到美容、抗氧化的作用。此外，葡萄还能缓解小便不畅的情况。

苹果梨香蕉汁

主料：梨1个、苹果1个；**辅料：**香蕉半根、冰块适量。

做法：❶将苹果、梨洗净切块；剥掉香蕉皮，切块备用。❷将苹果块、梨块和香蕉块一起放入榨汁机中，加入凉开水榨汁。❸把榨好的果汁倒入杯中，加入少许冰块即可。

减糖小贴士：每100克苹果中大约含有10克的糖，每100克梨中大约含有10克的糖，每100克香蕉中大约含有12克的糖。苹果可以排毒、清肠道；梨可以化积解腻、润肺化痰；香蕉中的膳食纤维非常丰富，能够促进大肠蠕动。三者搭配起来适量饮用，可以有效缓解便秘，保护胃肠。

拿铁咖啡

主料：无糖咖啡浓缩液 1 份、无糖牛奶 150 毫升；**辅料：**奇亚籽 5 ~ 10 克、零卡糖少许、温水 50 毫升。

做法：❶准备一个装有 50 毫升温水的容器，将奇亚籽倒入温水中搅拌均匀，然后冷藏一晚将其泡发。❷将牛奶倒入冷藏过的奇亚籽容器里搅拌均匀，然后倒入浓缩咖啡液即可。

减糖小贴士：咖啡是由咖啡豆烘焙加工而成的一种饮品，里面含有少量咖啡因，具有兴奋神经、缓解疲劳的作用，还能抑制食欲、减少食物的摄入，对瘦身减肥也有帮助。不过需要注意的是，饮用过多咖啡容易分泌过量胃酸，刺激胃肠功能。

柠檬红茶

主料： 柠檬 2 个、红茶少许；**辅料：** 零卡糖少许、清水适量。

做法： ❶将 1 个柠檬清洗干净切成薄片，去掉柠檬籽放碗中备用；另 1 个柠檬挤出柠檬汁。❷将少许红茶和零卡糖放入茶壶中，加入适量清水煮泡一会儿后晾凉。❸在放凉的红茶中加入柠檬汁搅拌均匀，然后把切好的柠檬片也放入红茶中冷藏 2 小时，最后倒入杯中即可饮用（也可以放入一些冰块，口感更佳）。

减糖小贴士： 红茶具有抗菌杀毒、预防感冒的作用。柠檬红茶的味道清爽醇厚，含糖量很低，可以经常饮用。柠檬红茶不仅能增强细胞活力、加速血液循环、滋润皮肤，还能消除暑热、生津止渴。

洋甘菊红花茶

主料： 新鲜洋甘菊10朵、干燥红花少许；**辅料：** 干燥菩提1勺、干燥紫罗兰1勺。

做法： ❶将新鲜洋甘菊洗净，用热开水冲1遍；把干燥红花、菩提和紫罗兰用热开水浸泡30秒后冲净备用。❷将所有食材放入煮茶壶中，加入约500毫升热开水，浸泡约3分钟后倒入茶杯中饮用即可。

减糖小贴士： 洋甘菊可以缓解疲劳，有助于睡眠；也可以缓解炎热疼痛的情况；还能降低“三高”、明目养肝。红花具有活血化瘀、通经止痛的效果。菩提不仅能够调节神经，还能降低“三高”、排毒减肥、预防癌症。紫罗兰有清热解毒、消痞化积的功效。这款洋甘菊红花茶可以作为低糖饮品的最佳选择。